广西壮族
传统聚落及民居研究

赵 冶 著

中国建筑工业出版社

图书在版编目（CIP）数据

广西壮族传统聚落及民居研究/赵冶著. -- 北京：
中国建筑工业出版社, 2022.3
ISBN 978-7-112-27231-0

Ⅰ.①广… Ⅱ.①赵… Ⅲ.①壮族—民族聚居区—研
究—广西②壮族—民居—研究—广西 Ⅳ.①TU241.5

中国版本图书馆CIP数据核字（2022）第047671号

本书在建筑学的基础上，融入其他学科进行较为深入的研究。基于对壮族地区人文与自然背景的全面分析，从民族学和自然、人文地理学等视角出发，以聚落形态、建筑平面形制与构架类型作为依据，采用了文化圈属的分类方法，对广西壮族人居建筑文化进行了区划，总结了建筑文化分区的真正原因。

本书适于建筑学、城乡规划学、风景园林学和设计学等专业师生参考阅读。

责任编辑：杨　晓　唐　旭
书籍设计：锋尚设计
责任校对：芦欣甜

广西壮族传统聚落及民居研究
赵　冶　著
*
中国建筑工业出版社出版、发行（北京海淀三里河路9号）
各地新华书店、建筑书店经销
北京锋尚制版有限公司制版
北京建筑工业印刷厂印刷
*
开本：787毫米×1092毫米　1/16　印张：15　字数：284千字
2022年4月第一版　　2022年4月第一次印刷
定价：**68.00**元
ISBN 978-7-112-27231-0
　　（38933）

序

　　广西壮族自治区所辖范围自古以来就是壮族聚居、繁衍、发展的主要区域，也是壮族传统聚落及民居留存最多、分布最广的区域。在这个广袤的区域之中，如何对广西各地的壮族聚落和民居进行分类与总结，建立从地理、文化差异到聚落、民居差别的有序体系，是本书的研究重点。

　　本书在建筑学的基础上，融入其他学科进行较为深入的研究。基于对壮族地区人文与自然背景的全面分析，从民族学和自然、人文地理学等视角出发，以聚落形态、建筑平面形制与构架类型作为依据，采用文化圈属的分类方法，对广西壮族人居建筑文化进行了区划，分为桂西北干栏区、桂西及桂西南干栏区、桂中西部次生干栏区与桂东地居区四大分区。同时，总结出建筑文化分区的真正原因在于山形走势、气候与植被、族群与风俗习惯、流域与文化传播等诸多方面的差别。

　　在建筑文化分区的基础上，剖析了各分区壮族传统聚落的共性与差异，对聚落空间形态、空间意向、公共建筑进行了分类总结，并将壮族传统聚落分别与广西地域内的侗族、汉族聚落做对比研究，廓清其特征。从建筑平面布置、入户方式、空间格局、结构特点与立面特征等方面，深入阐述了四个分区民居建筑的特点。通过壮族各区之间的比较研究，在掌控壮族传统民居的建筑学基因的基础上，分析壮族民居差异化背后的族群、建筑技术与文化传播等方面的诸多差别，并对壮族民居演变的内在机理进行剖析。

　　本书还对壮族传统民居的装饰艺术、建造文化和营建经验进行了较为全面的总结，希冀全方位展示壮族民居的建造图景。

二〇二二年元旦

目 录

序

第5章
广西壮族民居
类型及特点

第6章
广西壮族民居建造
文化与经验

第1章

绪论

拥有1693万人口的壮族是现今中国少数民族中人口最多的一个民族，主要聚居在东起广东省连山壮族瑶族自治县，西至云南省文山壮族苗族自治州，南至北部湾，北达贵州省从江县，西南至中越边境的广大区域，其中，广西壮族自治区拥有壮族人口1572万，是壮族人口最为集中的区域。

自古以来，壮族及其先民就在华南——珠江流域生息繁衍，他们是广西乃至整个岭南地区最早的土著，也是中国历史上民族的主体很少迁徙的民族之一。壮族经历了先秦远古时代的自主发展、秦汉乃至民国时期在中央政权治理下与汉族和其他少数民族杂处中生存和发展、中华人民共和国成立后的民族区域自治三个阶段。在文化发展的历程中，壮民族历经了"与越杂处""和辑百越""羁縻制度""土司制度""改土归流"等由历代中央王朝推行的强权措施，进而引起了在其文化形成过程中不断的整合、变迁，形成了自身的文化特质。壮族传统聚落和民居作为壮族文化传承与变迁的载体，对于研究壮族社会历史文化颇具意义。

壮族文化源远流长，形成于条件恶劣的洪荒山野之中，并长期与其他民族杂处，在其发展过程中不断地与汉族以及其他民族文化发生碰撞、转化与融合，使得其文化呈现出独特的面貌，不仅表现在生活习俗、饮食、语言、服饰等方面，还表现在其物质空间——聚落和民居之上。因此，对壮族传统聚落与民居的研究有助于揭示壮族与其他民族间文化的相互影响。

长期以来，壮族作为一个汉化程度较高的少数民族，其传统聚落、民居建筑的研究并未受到与其人口数量对等的重视，又由于其多与其他少数民族聚居而使得其自身文化特性未得到充分的辨析与挖掘，这也是研究的难度所在。研究之初，笔者也为这种表面上的民族特点不够鲜明而感到困惑，但经过深入的考察实践与比较研究，发现看似平淡无奇的民族外衣下饱含着丰富的民族文化与个性，繁杂的物质表征下浓缩着逻辑合理的民族嬗变过程。

1.1　研究的意义

作为一个人口数量众多的民族，壮族文化并未受到与其人口相匹配的重视，这固然有历史的原因，但壮族文化研究的广度、深度不足也难辞其咎。笔者身处八桂大地，深感民族文化的可贵，容不得忽视与旁贷。从自身学业角度出发、从细微处做起，整理翔实资料，深入分析，挖掘民族现象背后的本质原因，为民族文化的保护、传承与弘扬尽绵薄之力，是我辈学人的历史使命。

1.1.1 干栏遗构，百越余韵

自古以来，壮族及其先民就在华南——珠江流域生息繁衍，他们是广西乃至整个岭南地区最早的土著，是百越民族中的一支，也是中国历史上主体很少迁徙的民族之一。壮族文化自石器时代开始就已经具有鲜明的地域色彩，更因五岭等天然屏障以及"羁縻制"等自治制度，在相当长的一段时间里，在广西较为广阔的腹地中，保有自己固有的精神文化、生活习俗和物质文化，受汉化影响滞后或不持续。

广西气候湿热，雨量充沛，山多地少，为适应这样的地理气候，壮族先民在文化早期就选择可以避水患、防虫害、通风透气、适应多变地形的干栏建筑作为自己主要的居住建筑类型，建筑材料以丰富的木、竹为主，砖石瓦为辅，建筑内部空间则围绕能取暖去湿、具有祖先崇拜功能的火塘展开。因此，在相对封闭的自然和文化环境下，广西壮族先民创造的木构干栏居住形制、居住文化，较少受外来文化的侵蚀，其聚落布局方式、建筑形制、传统工艺等被传承至明清，而在那些大山延绵的桂西北、桂西、桂西南地区更是传承至今，成为研究百越居住文化的活化石。

因此，研究广西壮族聚落、民居能从这些活化石中提取一些早期的木构架元素（如各类大叉手，不同的梁柱支承方式等），为进一步深入认识干栏及相关建筑的起源、发展提供了珍贵的材料。

1.1.2 壮汉交汇，涵化汉化

借用文化人类学的理论，就民居建筑而言，"涵化"就是外来建筑技术的本地化，"汉化"就是本地建筑技术的汉化，这是一个双向的过程。唐宋之后、明清之前，因军事、政治、经济从中原迁入广西的汉族数量不多，且大多集中在一些水路、陆路的交通要道及一些重要的政治点，中原人民习以居住的地居合院式建筑主要散落在这些地方，呈点状分布。由于这些外来的汉族在政治、经济、社会上都居于强势地位，这些点的壮族建筑被逐步汉化，地居合院式建筑成为主要的居住建筑类型，但其他大多数地方仍延续古老的木构干栏建筑，布局方式也未受影响，仅一些装饰元素被吸收。

明清之后，由于改土归流以及当时的垦荒政策，大批汉族人举族从广西北边、东边涌入广西土地肥沃、交通便利的桂北、桂东、桂东南，呈片状分布，而且将触角伸入桂中富饶的平原、盆地。由于人口多、文化层次高、经济发达等原因，这些举族而迁的汉人成为桂北、桂东、桂东南的主要居民，壮族人要么西迁，要么被完全汉化，包括居住的建筑也被这些不同的汉族族群分别"民系化"。在广府文化族群区的，居住的建筑就完全广府化，在客家或湘赣文化族群区的，居住的建筑就完全客家或湘赣化。进入桂中地区的汉族人口数量相对较少，呈点状分布或线状分布，壮族人口依然保持一定的数量，分布范围也较广，因此桂中地区就成为壮族干栏建筑与汉族地居建筑的相争、相融的区域，汉化、涵化过程表现得相当精彩及明显。而桂西北、桂西、桂西南地区由于高山险阻，汉族人很少进入，壮族人依然保持原有的居住模式和生活习惯。

因此，研究广西壮族聚落和民居，不但可以进一步了解汉族建筑在广西的涵化过程，也可以了解壮族建筑在外来建筑影响下的汉化过程，能更全面、完整地展现木构干栏建筑的发展和演变，其丰富的演变类型也为建筑学、人类学和民族学的研究提供不可多得的历史佐证。

1.1.3　保护历史，赓续传统

壮族传统聚落及民居有极大历史、文化、建筑价值，但随着现代化进程的加速，在人们大多还未意识到聚落及建筑的价值意义时，大量的壮族传统聚落、民居被无意识、无序地改造、更新，或不合规律地开发，并且进程越来越快。因此，壮族传统聚落及民居的保护与发展已成为当前紧迫的命题。通过广西壮族聚落及民居的研究，我们一方面可以弄清不同地域壮族建筑的形式谱系、构架样式、技术源流、营造技术等具体内容，为不同区域的壮族聚落、民居保护提供有针对性的策略打下扎实基础；另一方面，通过研究还能进一步明晰广西壮族民居、聚落的历史、文化、建筑价值，为保护什么以及如何保护提出指导方向。

此外，历史遗存的建筑、建筑小品构筑的历史环境是人类日常生活环境的重要组成部分，它是过去存在的表现，它将文化、宗教、社会活动的丰富性和多样性最准确、如实地传给后人，为我们的生活带来多样性。很好地研究广西壮族民居、聚落，有利于我们在"千城一面"的今天找到赓续传统价值和文脉的城镇、乡村规划和现代民族地区建筑创造的方法，为创造出有广西特色的城镇、建筑夯实基础。

1.2　研究的范围

1.2.1　空间界域

广西壮族自治区地处中国华南，位于东经104°26′至112°04′，北纬20°54′至

26°24′之间，北回归线横贯全区中部。广西南临北部湾，面向东南亚，西南与越南毗邻，东邻粤、港、澳，北连华中，背靠大西南。广西周边与广东、湖南、贵州、云南等省接壤，是中国与东盟之间唯一既有陆地接壤又有海上通道的省区，是华南通向西南的枢纽，是全国唯一的具有沿海、沿江、沿边优势的少数民族自治区。

广西地区具有多元的民族构成与多元文化生态。目前，广西有十二个主要聚居民族——壮族、汉族、瑶族、苗族、侗族、仫佬族、毛南族、回族、京族、彝族、水族和仡佬族，其中汉族人口最多，占60.9%，壮族人口占33.5%，其他少数民族占5.6%。各民族在广西杂处相陈，构成了地域内百越文化、苗瑶文化、中原文化等多元文化交织、交融的文化生态，创造了丰富的民族文化图景，成为博大精深的中华文化中不可或缺的组成部分。

从经济地理的角度看，广西位于中国大陆沿海地区的西南端，处于华南经济圈、西南经济圈和东盟经济圈的结合部，具有沿海开放、沿江开放、沿边开放等优势。是整个西南地区唯一的沿海省区。它对内承接珠江三角洲经济的战略转移，对外占据东盟经济合作区域的桥头堡，是物流、人流、资金流、信息流的必经之地。近年来，随着东盟自由贸易区和泛北部湾经济合作区的建立，以及自身条件的不断成熟，广西成了区域经济合作的中心，迎来了巨大的发展机遇和空间。

从文化区位来看，广西属于岭南文化范畴，是百越文化的重要发祥地，选择广西作为研究范围可以对百越文化和岭南文化的研究做出有益的补充和完善；广西位于东亚板块与东南亚板块的结合部，是地区间、民族间、国家间的交往地带，也是伊斯兰教、佛教、儒家三大文化圈交汇碰撞的前沿地带，各种文化形态交相汇合，探讨广西地区内的文化现象是研究文化扩散与传播的良好平台。广西地处中国东南沿海和大西南地区的交汇地带，与东南亚内陆相交，是联系中国—东盟的国际大通道、连接粤港澳与西部地区的重要通道和大西南出海通道，是当代文化交流与融合的重要廊道。全球化浪潮袭来，广西的地域文化与民族传统必将受到前所未有的冲击与整合，挖掘地域、民族的文化价值，保持自身的文化特性，成为时代赋予的重大命题。

1.2.2 族群范畴

当代壮族主要聚居在东起广东省连山壮族自治区县，西至云南省文山壮族苗族自治州，南至北部湾，北达贵州省从江县，西南至中越边境的广大区域。壮族是中国人口最多的少数民族，广西壮族人口约1693万，占全国壮族总人口的92.85%，是壮族最大的聚居地区。广西的壮族主要聚居在南宁、柳州、崇左、来宾、百色、河池6个市，还有一部分散居于区内的66个县市，壮族分布地区约占广西总面积的60%，各地区壮族人口比例自西向东逐渐减少。

现今壮族主要分布在广西西部诸县，东部壮族人口密度较低，但历史上壮族在广西东部也曾广泛分布，明朝嘉靖二十五年（1546年）巡按广西御史冯彬尚说："广西一省，狼人（壮人别称）居其半，其三瑶人，其二居民（即汉人），以区区二分之民，介蛮夷之中，事难猝举。" ❶黄现璠在其《壮族在广西的历史分布情况》一文中也论证了：一直到清嘉庆年间，桂东南和桂东北地区壮族人口都占半数以上。所以，一直到明清两代时，壮族人民仍相当普遍地分布于广西全省，应该说壮族是广西最古老的土著民族，其文化是广西地域文化的主体之一。

1.3　研究的对象

1.3.1　聚落

聚落，原指人类居住的场所，与"村落"通，相当于英文的"settlement"一词，《汉语大词典》这样解释聚落："村落，人们聚居处。《汉书·赵充国传》：'令军毋潘聚落当牧田中。'"《辞海》则分开解释聚与落："聚"，有村落、会集、积聚的意思。而"落"，则是人聚居的地方，并引《汉书·仇览传》："庐落整顿"；《广雅》："落，居也。案今人谓院为落也"。吴良镛先生称之为"聚居"，含义也不再局限于"房子与房子的简单叠加，而是人们多种多样的生活和工作的场所"，是"人类居住活动的现象、过程和形态"。也就是说，聚落除指用于居住、工作、学习、娱乐等人类活动的构筑物及其自然人工环境的物质形态，也包含聚落自身及其周边环境产生、发展、衰落的动态的演化过程，它不再是一个静态的概念。汉班固《汉书·沟恤志》曰："时至而去，则填淤肥美，民耕田之。或久无害，稍筑室宅，遂成聚落。大水时至漂没，则更起堤防以自救，稍去其城郭，排水泽而居之，湛溺自其宜也。"聚落不仅含有"室宅"等居住形式，也有"耕田""起堤""排水"等相关活动，更是在"久无害"的条件下方可成聚。由此衍生开来，聚落作为居住及其环境实为一体。因此，可以说：聚落，是不断变化的人类社会文化环境，是一个联结人与人的网络。每个聚落内部都存在着特殊的社会结构、活动、制度以及与之相应的社会形态。聚落，在有限的范围里

---

❶ 粤西丛载. 卷二十六.

产生，但它不是孤立的，而是同外部的自然与人工环境发生作用，是人与自然的焦点。总体来看，聚落是一种有机的整体，是由实体的、空间的、时间的、政治的、经济的、文化的、宗教的、社会的、民俗的、自然的等各种因素形成一个人工环境综合体，既包含实质性的空间结构，又具有无形的社会文化结构。聚落有农村聚落和城市聚落之分，因为广西的城市聚落多以汉人为主体，且城市聚落更新发展较快，其传统形态较少遗存，本书讨论的"壮族传统聚落"主要是指壮族聚居的农村聚落。

1.3.2　民居

民居即民房，是百姓居住之所，是组成传统聚落的主要建筑单元。《礼记·王制》："凡居民，量地以制邑，度地以居民。地邑民居，必参相得也"；北魏郦道元《水经注·泗水》："左右民居，识其将漏，预以木为曲洑，约障穴口，鱼鳖暴鳞不可胜载矣"；《新唐书·五行志一》："开成二年六月，徐州火，延烧民居三百余家"。❶民居是各地区、各民族的居住建筑，是地域文化、民族文化的物质载体。

广西壮族传统聚落及民居是广大壮族赖以生存与发展的基本物质空间，它包含了传统住宅及其延伸的居住环境，它是民族文化的缩影，是民族文化最生动、丰富的活化石；它是农村社会经济研究最基础的单元模型；它是社会历史变迁，文化扩散、传播最为忠实的记录者；它是营建文化和建构技术的宝库，可为相关专业提供诸多丰富的民间建造经验；它是新时期指导新农村建设的重要依据，取其长，补其短，在传统上诞生的现代形式方具生命力；它承载地域、民族文化，影响当代规划建筑设计，是现代城市规划、建筑设计的重要创作源泉。

广西壮族传统聚落及民居除了因民族自身经济落后导致的自然凋敝和衰亡之外，先是在"文化大革命"期间遭到了大规模的破坏，而后在改革开放的城市化建设进程中又有大量古镇、古村、古建筑被毁，村落风貌和建筑样式日趋现代化，千村一面。这固然是地方政府对传统聚落及民居的重视和保护程度不够的体现，也缘于相应的规划建筑理论研究缺失，没有理论指导的建设实践，必然导致盲目和无序。在全球经济一体化、文化趋同化的今天，如何挖掘传统聚落及民居的诸多文化价值，如何保护现存的聚落和民居建筑，是本书研究的意义和目的所在。

---

❶ 百度百科．baike.baidu.com．

1.4 研究内容框架与方法

1.4.1 研究内容框架

本书以广西壮族传统聚落及民居为研究对象,从自然地理、人文背景等角度探讨传统聚落及民居的形成原因,并在此基础上结合聚落和民居建筑的构成要素作为判别依据,进行建筑文化的区域划分。在建筑文化区划的框架内:进行壮族传统聚落的分类研究,并探讨其空间意向背后的驱动因素,同时对不同区划内的传统壮族民居进行平面特色、结构特点、立面形式的分类总结与对比研究,探讨建筑差异性背后的自然、文化、技术、信仰的区别,进而分析传统民居的"涵化""汉化"等演变过程。

基于对民居营建过程、尺度模数、细部构造、立面材料、装饰装修等方面的详细论述,总结壮族传统建筑各方价值、探讨壮族传统建造文化、整理传统营造经验。最后,本书结合广西地区壮族传统聚落保护与开发的实例,反思后效,提出保护与发展的原则与策略,总结保护与发展的意义,并探讨传统聚落和建筑适应当代城市化进程和新农村建设的可能途径。

研究内容框架如下图所示(图1-1):

1.4.2 研究方法

本书的主要研究方法包括:

(1)传统聚落及民居的实地调研

通过前期对壮族传统聚落分布情况资料收集,分区域、分流域、分地形对广西地域范围内的传统壮族聚落进行分批调研(表1-1)。对于村落形态不完整、建筑遗存较少的地区,以绘制简图和照片记录的方式,观察聚落环境、走访村民、查阅族谱、手绘单体平面、构架,获取一手资料;对于形态完整、保存较好、规模可观的传统聚落及民居,通过组织在校学生进行大规模定点测绘,完整地测绘出聚落总体布局和民居单体,在此过程中大量采访当地村民、村政府、寨佬以及木工师傅,记录村寨生活场景,收集历史、人文、习俗、信仰、碑刻、营建忌讳等全方位的信息,并走访临近村落,在更大范围内对传统聚落进行解读。

(2)建造单体模型

在龙脊村调研期间,聘请当地壮族木工建造了一个1:10比例的民居模型(图1-2),完全按照当地最古老的民居单元来仿造。全方位了解了民居的整个营建

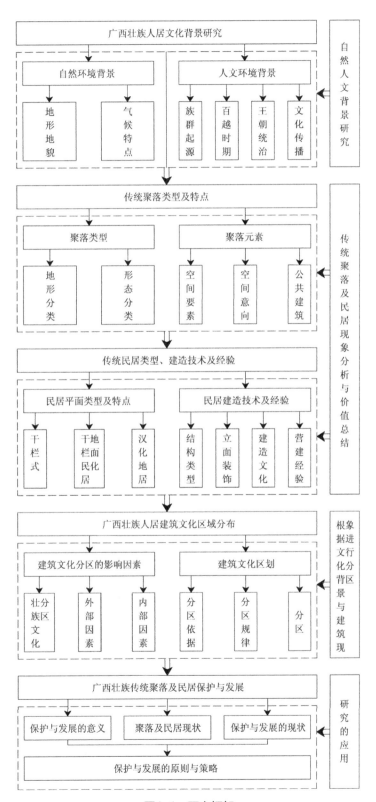

图1-1 研究框架

调研聚落分类表　　　　　　　　　　　表1-1

区位	地点	流域	地形	民居类型
桂西北	龙胜龙脊	寻江、红水河、驮娘江	高山	高脚干栏、夯土干栏、砖石干栏
	龙胜金竹			
	三江瓢里			
	天峨更新			
	凤山上牙			
	西林那岩			
桂中	武宣东乡	郁江	平原	客家地居
桂西及桂西南	那坡达文	左、右江	石山、平垌	原始干栏、夯土干栏、夯土地居
	那坡吞力			
	德保那雷			
	龙州板梯			
	龙州其逐			
	宁明百泉			
	宁明那练			
桂东北	阳朔朗梓	西江	平原丘陵	广府地居兼有湘赣建筑风格
	阳朔龙潭			
	金秀龙屯			

图1-2　民居模型

过程、营建方法、丈杆及竹签的使用方法。通过单体模型的建造，加深了对民居的认识。

（3）文献资料的收集与整理

一方面，把前期调研、测绘的资料进行归纳整理，分区域、分类型；另一方面，搜集整理相关学科理论、地方志、壮族文化研究、传统聚落研究、传统民居研究、壮族建筑研究以及相关地域内其他民族村落和建筑研究的文献资料。

（4）理论分析与对比研究

研究田野调查和文献整理资料，深入分析，找出现象和本质之间的内在联系；纵横对比研究多个聚落和民居的实例，分析传统聚落及民居发生发展的深层机制，探讨其内在规律；以此为线索，系统分析壮族传统聚落和民居的总平布局、平面形式、建筑结构、构造以及立面装饰等各个元素，形成合理的分类，并总结其演变发展的原因与趋势。

第2章

广西壮族人居文化
背景研究

　　从广义来说，文化是指人类社会历史实践过程中所创造的物质财富和精神财富的总和。人居文化是人类关于居住的价值、风俗、规范、观念与符号的总体。传统聚落与民居是人居文化的重要组成部分和物质载体，研究广西地区壮族传统聚落及民居离不开对其人居文化背景的研究，构成这一背景的主要因素有自然环境与人文环境。

　　人居文化的形成有其复杂的自然历史原因，如何看待地理环境与文化的相互关系，历来有不同的观点。"唯智慧论"完全地排斥地理环境的影响，将文化简单地归结为人类的精神产物，或者是天才的创造；而"地理唯物论"则认为地理条件规定着民族性与社会制度，制约着历史和文化的发展方向；孟德斯鸠更系统地提出"地理环境决定论"，过分地强调自然条件对人类历史文化的影响，这样难免得出气候单独决定民族性、地势直接左右社会制度之类的片面性结论。❶

　　文化地理学中的可能论得到学界的广泛认同，该观点认为，一定的自然条件为人类的居住规定了界限，并提供了可能性，但是人们对这些条件的反应和适应，则按照他自己的传统的生活方式的不同而不同。"人是人类文化的第一建筑师，自然环境在人与地的关系中，文化发展的作用在于提供多种可能性，人在一地如何生存和生活全靠人对环境所提供的多种可能性中所作的选择。这种选择是受到人的文化遗产的指导。人为了满足其需要，在对环境提供的机会和限制做出选择时，其本身的文化水平越高，则供其选择的可能性越多，自然环境的影响与限制就越小；反之，自然环境的影响与限制就越大"。❷

　　拉普卜特则更为看重社会文化的影响力，他在《宅形与文化》一书中提到："宅形不能被简单地归结为物质影响力的结果，也不是任何单一要素所能决定的，它是一系列'社会文化因素'作用的产物，而且这一'社会文化因素'的内涵需从最广义的角度去理解；同时，气候状况（物质环境会鼓励某些情况的产生而使另一些情况成为不可能）、建造方式、建筑材料和技术手段（创造理想环境的工具）等对形式的产生起着一定的修正作用，我将这一社会文化影响力称为'首要因素'，其他各种因素称为'次要'或'修正因素'"。❸

　　可以说，地理环境的确对历史和文化的发展有着重要影响。但这种影响并不是单独存在的，文化是地理环境与人文因素的复合体，地理环境可以为文化的发展提供多种可能性，但做出最终抉择的是人而不是环境，因为人类的活动除了受地理环境等因

❶　冯天瑜. 地理环境与文化生成. 文汇报，1988–11–07.
❷　王思涌. 文化地理学导论——人·地·文化. 北京：高等教育出版社，1989：15.
❸　阿摩斯·拉普卜特. 宅形与文化. 常青等，译. 北京：中国建筑工业出版社，2007：46.

素的影响之外，还受到其他社会因素诸如政治、心理、经济、传统等的制约。如果说某种文化生成的初期阶段，地理环境的影响占有一定的分量的话，那么，在这种文化的成熟阶段，人文因素所起的作用就会远远超过地理环境的影响。而且，人文传统一旦形成，就会产生巨大的惯性，成为推动文化发展的主要力量。另一方面，我们也必须承认，地理环境通过物质生产及其技术系统这个中介影响着人类历史和文化的发展过程。❶

2.1　广西壮族的自然环境背景

正如《礼记·王制》所载："广谷大川异制，民生其间者异俗。"在生产力尚不发达的洪荒年代，自然环境对生产方式是具有决定意义的，而生产方式决定了文明类型。传统聚落与民居作为一种文明的物质存在必然受到所处自然环境的影响。

2.1.1　地形地貌

广西位于全国地势第二台阶中的云贵高原东南边缘，地处两广丘陵西部，南临北部湾海面。整个地势自西北向东南倾斜，山岭连绵、山体庞大、岭谷相间，四周多被山地、高原环绕，呈盆地状，有"广西盆地"之称。

广西地形地貌的主要特点：

一、山区面积广大。广西以多山著称，特别是北回归线以北，更是山岭连绵，层峦叠嶂。广西山多而且高大，许多山脉海拔都在1500m上下。据统计，广西丘陵和山地占整个地区总面积的76%，耕地约占11%，因此，广西历来就有"八山一水一分田"之称。山区面积广大，是广西土地资源构成的最突出的特点（图2-1）。

二、喀斯特地形广布。广西喀斯特地形分布面积很广。据广西地质局统计，喀斯特面积占全区总面积的一半以上，绝大部分县市都有面积或大或小的喀斯特岩溶地形。类型繁多的喀斯特地形，赋予广西极为丰富的风景资源，但岩溶地区石多土少，耕地分散，易旱易涝，对农耕却有所不利（图2-2）。

三、河流众多。广西河网密布，河流走向总体上沿着地势呈倾斜面，从西北流向东南。按照水系来分，共有珠江、长江、桂南独流入海、百都河等四支。珠江水系是广西最大水系，主干流南盘江—红水河—黔江—浔江—西江自西北折东横贯全境，出

---

❶ 杨昌鸣. 东南亚与中国西南少数民族建筑文化探析. 天津：天津大学出版社，2004：10.

图2-1 广西的山

图2-2 喀斯特地貌

梧州流向广东入南海。长江水系分布处于桂东北,主要河段有湘江、资江,属洞庭湖水系上游,经湖南汇入长江,其中湘江在兴安县附近通过秦代开凿的灵渠,沟通了长江和珠江两大水系。独流入海水系主要分布于桂南,均注入北部湾。百都河水系则经越南入北部湾。

　　四、平原零星分布。广西的平原面积小,分布零星,约占全区总面积的14%,广西的平原主要有两类:一为溶蚀平原,是石灰岩经长期的溶蚀和侵蚀而成,以柳州为中心的桂中平原为代表;二是河流冲积平原,如右江平原、南宁盆地、郁江平原、浔江平原、玉林盆地等(图2-3)。

图2-3　广西平原

　　平原地带地势平坦,土壤肥沃,光照充足,热量资源非常丰富,十分适合农作物的生长,如有"桂西明珠"之称的右江平原,盛产稻谷、甘蔗、玉米、花生、豆类,是广西西部最重要的粮蔗基地。再如南流江三角洲,由于南流江每年输沙量较大,三角洲向外堆积旺盛,形成诸多土壤肥沃的外缘洲岛,同时优越的光热水条件使得这一地区成为北海最重要的粮食和经济作物基地。同时,由于这些平原地带多临大江大河,优越的水运交通条件使得这些地区成为区域政治、文化、经济中心,如南宁、柳州、北海、钦州、来宾及百色等重要的城市和集镇均为占据平原优势,依靠江河发展而成。

　　五、海岸线曲折。广西的北部湾沿岸,由于地质史上复杂的升降运动,海岸较为曲折。曲折的海岸线为广西提供了面积广阔的沿海滩涂,适宜于水产和珍珠的养殖。同时,由于北部湾海底比较平坦,暗礁极少,风浪较小,历史上就是较好的天然良港，如合浦港从汉代起就是海上丝绸之路的始发港之一。

　　传统壮族聚居地区的地形地貌，可分为山地、谷地、平原三种类型。不同的地形地貌上，壮族先民发展了不同的聚落和民居类型，如桂北、桂西北、桂西等地区高山延绵上，林木丰富，为保护少量耕地、结合地形、减少开挖并充分利用当地资源，人们多沿等高线建造干栏民居，聚落形态自由，建筑多为全木结构（图2-4）；而桂中、桂西南地区石山遍布，人们多择居在盆地、河谷地带，以争取较为充足的耕地，盆地聚落规模较小，河谷聚落规模较大，聚落形态较为规整。由于石山地区杉木缺乏，全木干栏的传统民居形式已逐渐为砖木干栏、夯土干栏、夯土地居等民居形态所替代（图2-5）；桂

图2-4　山地民居

图2-5　谷地民居

东北平原地区，传统壮族村落由于汉化较早，形态多整饬，民居以砖木地居为主，与当地汉族村庄无异（图2-6）。

地质状况也在一定程度上制约了建筑材料的选择。广西地区石山分布较广，主要分布在桂西、桂中和桂东北，而桂南及滨海地区石山面积较小，比率最低。石山地区土地资源稀缺，林木稀少，木结构建筑日益稀少，砖石、生土

图2-6　平原民居

成为常见的建筑材料。反之，在林木繁盛的土质高山、丘陵地区，全木干栏的建筑依然具有生命力。

2.1.2　气候特点

广西地处低纬度地区，南濒热带海洋，北为南岭山地，西延云贵高原，境内河流纵横，地理环境比较复杂。在太阳辐射、大气环流和下垫面综合作用下，气候类型有以下特点：

一、气候类型多样，夏长冬短。从气候区划而论，广西北半部属中亚热带气候，南半部属南亚热带气候；从地形状况来看，桂北、桂西具有山地气候的一般特征，"立体气候"较为明显，小气候生态环境多样化；而桂南又具有温暖湿润的海洋气候特色。广西冬短夏长，年均温在16℃～23℃，以均温来衡量，北部夏季长达4～5个月，冬季仅2个月左右；南部从5～10月均为夏季，冬季不到2个月，沿海地区几乎没有冬季。

二、雨、热资源丰富，且两热同季。降雨量和热量资源分布大体上是由北向南增多。在4～9月降雨量占年降雨量的75%，雨季恰好与热季重叠。

三、气候多变，灾害性天气出现频繁。广西常因季风进退失常造成降雨和气温变率大，旱、涝灾害和"两寒"（倒春寒和寒露风）及台风、冰雹等灾害性天气出现频率大。桂西地区多春旱，出现频率达60%～90%，桂东地区多秋旱，出现频率为50%～70%；雨季大、暴雨过于集中，年年发生洪涝灾害，尤其以桂南沿海和融江流域出现频率大。而春、秋雨季内受北方较强冷空气南下的影响，几乎每年春季出现倒春寒天气，秋季出现寒露风天气。

广西的气候可分为南部、北部和西部山区三个气候区。自苍梧经桂平、上林、马

山一线，以北为温暖常湿气候；以南为温暖冬干气候；西部山区为温凉冬干气候。❶

　　不同的气候区划对民居聚落分布以及建造形式有重要的影响作用，例如冬季较为寒冷的桂北山区的传统民居的门楼相比桂西南地区的敞廊就显得较为封闭，明显有冬季防风的考虑（图2-7）。在冬季有雪的山区，民居的坡屋顶坡度刻意做陡，利于雨雪滑落。气温与降雨对植被的生长作用显著，在水量充足、盛产杉木的桂北山区，其木构技术与复杂程度明显比缺水少林的桂西南、桂中地区要高（图2-8）。另外，通

（a）龙脊壮族民居门楼　　　　　　　　（b）那坡壮族民居门廊

图2-7　桂北和桂西壮族民居门楼比较

（a）龙脊壮族民居　　　　　　　　（b）龙州金龙壮族民居

图2-8　桂北和桂西南壮族民居建造工艺比较

---

❶ 况雪源等. 广西气候区划. 广西科学，2007，（14）3：278.

风防热是广西传统聚落民居在自然条件中所要解决的主要矛盾，它反映在建筑上就要求总体布局和建筑单体要尽量开敞、通透，向阳面出檐深远，底层尽量考虑架空处理。

2.2　广西壮族的历史文化背景

2.2.1　壮族自主发展时期历史文化

壮族先民是珠江流域的土著民族，因其所处的自然环境和特定生产方式，在长期的历史发展过程中，创造了独具特色的历史文化和精神文化[1]。秦瓯战争以前，是壮族文化自主发展的时期，文化结构以岭南越人文化为主体。

2.2.1.1　历史过程

1. 族群起源

根据考古发掘，广西地区先后发现了旧石器时代晚期（以柳江人为代表）和新石器时代早期（以桂林甑皮岩人、柳州鲤鱼嘴人为代表）的许多古人类骨骼材料，将这些材料和现代壮族人的体质形态材料相比较，发现壮族在其体质形态的形成过程中，与包括广西在内的岭南地区一些新石器时代的古人类有着继承的关系；壮族的根源不仅可以追溯到新石器时代早期的甑皮岩人、鲤鱼嘴人，甚至还可以追溯到旧石器时代晚期的柳江人。也就是说，现在的广西壮人是由柳江人、甑皮岩人和鲤鱼嘴人逐步发展而来的。[2]

现代壮族的许多传统文化，例如语言、民居建筑形式、生活习俗、丧葬习俗等，都与广西的古代越人或新石器时代的古人类的习俗有承接的关系。例如，现代壮族仍在居住的"干栏"式住宅与古代越人的"巢居"具有相承关系；在生产、生活习俗方面，古代越人是稻作民族，日常种植水稻；喜食大米饭，尤嗜糯米饭；喜庆或节日喜欢对唱山歌，各地都有"歌圩"，这些在现今壮族中依然如此。在丧葬习俗方面，广西新石器时代的遗址中，常见二次葬和蹲葬；而现今壮族在人死后盛行二次葬，拾骨时亦多作蹲坐状。

从以上几方面的材料看来，壮族的主体应是由本地的史前人类发展而来，在其形成和发展的过程中，不排除有其他民族加入的成分。

---

❶ 覃彩銮等. 壮侗民族建筑文化. 南宁：广西民族出版社，2006：张声震主编《壮学丛书》序，3.
❷ 张声震. 壮族通史. 北京：民族出版社，1997：绪论.

2. 百越时期

关于广西壮族的来源存在三种不同的观点：一是壮族外来说；二是壮族土著说；三是壮族是外来民族与土著混合而成说。至今在学术界，认为壮族是土著民族，是从百越族群中的西瓯、骆越人发展而来，已趋一致。❶

骆，又作雒，是百越族群中广西以及广东雷州半岛、海南岛和越南东北部、中部的一支。骆，因垦食"雒田"和其活动地区多"骆田"而得名。所谓"骆田"或"雒田"，就是山麓岭脚间的田。❷《广州记》中说："交趾有骆田，仰潮水上下，人食其田"；《太平寰宇记》转引《南越志》称："交趾……人称其地曰雒地（田），其民为雒民，旧有君长曰雒王。其佐曰雒侯，其地分封各雒将"；《史记·南越列传》说：赵佗用"财物赂遗闽越、西瓯骆，役属焉，东西万余里"。这里的"骆"就是骆人。这时的骆人，大约处于部落联盟阶段。

秦汉之际，骆逐渐分化，联合成为两个较大的部族，即瓯骆和骆越。瓯骆的分布地，其东北方已达到"贵州"（今广西贵县）。《舆地志》说："贵州……秦属立郡，仍有瓯骆之名"；《史记·南越列传》亦说："越桂林监居翁，谕瓯骆属汉"，越桂林郡治正在今贵县。其西边至交趾，《广州记》说："南越王攻破安阳，于令二使典主交趾。九真二郡，即瓯骆也"。但是，以苍梧族所建的南越国为中心，从其方位来说，为了区别东瓯的闽越，瓯骆又被称为"西瓯"，这一点，从史籍所载西瓯的分布地可证。《舆地志》有"贵州，故西瓯骆越之地"的记载；《史记·赵世家》张守节《正义》则云："西瓯骆又在番吾（苍梧）之西"；《元和郡县志》有"潘州（今广东高州），在西瓯骆越所居"的记载；《史记·赵世家》索隐刘氏亦云："今珠崖、儋耳谓之瓯人"。从上可见，瓯骆的地域当在五岭以南，南越国之西，骆越之东，大体上包括汉代郁林郡和苍梧郡，即相当今之桂东南及粤西南广大地区。❸

骆越则分布在瓯骆之西。《旧唐书·地理志》说：邕州宣化县（今南宁）"骊水在县北，本牂牁河，俗呼郁林江，即骆越水也，亦名温水，古骆越地也"。唐代邕州治所在今南宁，领宣化、武缘、晋兴、朗宁、横山五县，相当于今广西桂西南和桂西北，首县宣化就是今南宁，"骊水在县北"，就是指在宣化县即南宁北，当是今之右江。也就是说骊水就是右江，即骆越水。骆越水当以居住骆越人而得名。明人欧大任《百越先贤志》自序中说："牂牁西下，邕雍绥建，故骆越地也。"邕即邕州，即南

---

❶ 张声震. 壮族通史. 北京：民族出版社，1997：绪论.
❷ 徐杰舜. 从骆到壮——壮族起源和形成试探. 学术论坛. 1990（5）：72.
❸ 徐杰舜. 从骆到壮——壮族起源和形成试探. 学术论坛. 1990（5）：72.

宁一带；绥即绥宁县，治所在今宾阳县黎塘镇安城村；都在郁江上游地区。清人顾炎武《天下郡国利病书》说："今邕州与思明府凭祥县接界入交趾海，皆骆越也。"《后汉书·马援列传》说，马援"于交趾得骆越铜鼓"，交趾古代泛指五岭以南，东汉交趾郡治所在龙编，即今越南河内东天德江北岸，辖境相当于今越南北部红河三角洲一带。《后汉书·任延传》说到，东汉建武初年，任延做九真郡太守时，境内"骆越之民无婚嫁礼法"。东汉九真郡，辖境相当于今越南清化、河静两省及义安省东部地区。❶

从上述文献来看，骆越人活动的时代大致是从战国至东汉时期，活动地域包括汉代的郁林、珠崖、交趾、九真等郡。汉代郁林郡在今广西南部，珠崖郡在今海南，交趾郡在今越南北部红河流域，九真郡在今越南清化、义安地区。因此，骆越活动中心在中国广西左江—邕江流域至越南的红河三角洲一带。由此可见，骆越活动地域在西瓯之西，大体相当于左右江流域、邕江、郁江流域，海南、越南北部红河流域。

骆越在历史上又常与西瓯并称为瓯骆。如《旧唐书·地理志》载潘州（今广东茂名）"古西瓯、骆越地"；贵州（今广西贵县）"古西瓯、骆越所居"，可见今两广交界的贵县、茂名等县是古代西瓯、骆越的杂居地区。❷

2.2.1.2　文化特点

1. 语言文化

语言既是文化的组成部分，又是民族文化的活载体，是维系民族存在的重要纽带，也是人们区分不同民族的最明显和最常用的标志之一。壮族是土著民族，壮语与壮族文化同源共生，壮族的文化特征很大程度上体现在本民族的语言文字当中。早在自主发展时期的先秦时代，壮族先民就形成了自成体系的语言文化。壮语分南北两大方言，但语音、语法结构、基本词汇大体相同。按照语言谱系树理论模式，把壮语划属汉藏语系壮侗语族壮傣语支。但近年来有学者通过对语音系统、基本词汇、词序和构词理据、认知思维方式等语言本质问题进行比较研究，认为壮语所属的壮侗语集团与汉语缺乏同一性，存在明显的差异。如壮语一般是中心成分在前，修饰成分在后。例如壮语"鸡公"，汉语是"公鸡"；壮语"肉猪"，汉语是"猪肉"；壮语"家我"，汉语是"我家"；壮语"走先"，汉语是"先走"，等等。这表明壮语与汉语的词序结构逆向反差，认知思维逻辑南辕北辙，两者的关系不是发生学关系，而是接触关系。根据考古发现，在华南—珠江流域商周时代的陶器上就有不少刻画文字符号，说明在

❶　徐杰舜. 从骆到壮——壮族起源和形成试探. 学术论坛. 1990（5）：73.

❷　陈国强等. 百越民族史. 北京：中国社会科学出版社，1988：242.

自主发展时代，壮族先民就已经试图创造本民族的文字。秦汉以后，随着汉文化的传入和影响，壮族先民转向借用汉字的形、音、义和六书构字法，仿造出本民族的文字即古壮字，或称"土俗字""方块壮字"。❶

2. 稻作文化

壮族先民主要是适应江南珠江流域的自然地理环境和气候特点，把野生稻驯化为栽培稻，是我国最早创造稻作文化的民族之一。壮族先民在长期采集野生稻谷的过程中，逐渐掌握了水稻的生长规律。湖南省南部道县玉蟾岩遗址和广东英德市牛栏洞遗址发现距今约1万年的稻谷遗存，根据历史文献记载、考古发现和体质人类学研究，这一地区的原始人类就是壮侗语民族先民，汉、瑶、苗等民族是秦汉以后才陆续迁入这一地区的，证明壮族先民是这一地区稻作文明的创造者。含"那"字（壮傣民族语，意为水田）的地名遍布壮族各地，大者有县名、乡（镇）名，小者有圩场、村庄、田峒、田块名，形成了特有的地域性地名文化景观，构成了珠江流域特有的一种文化形态。壮族及其先民在长期的历史发展过程中，形成了一个以"水田"为中心的文化体系。

新石器晚期出现的大石铲文化，就是壮族先民稻作生产方式及其功利目的的产物。20世纪50年代以来，在邕江及其上游流域发现多处距今5000多年的颇具规模的大石铲遗址。大石铲本是壮族先民水田劳作的工具，随后演化为一种祭祀、祈求丰收的物质图腾。

壮语称房屋为"栏"，把在一个底架上建的住宅称为"栏干"，或称"更栏"的汉字记音，其建筑形式是用木或竹柱做离地面相当高的底架，再在底架上建造住宅，楼上住人，楼下豢养牲畜和储存物件。壮族的聚落主要分布在水源丰富的田峒周围，其干栏则沿着田峒周围的山岭，依山面水田而建，既方便人们耕作劳动，又节约土地，最大限度留出耕地面积。

壮族地区早在距今9000多年的新石器时代早期便开始食用稻米，并发明了与食用稻米有关的杵、磨、锤、陶罐等加工工具和炊煮工具。"饭稻羹鱼"是壮族先民饮食文化的生动反映。稻作农业的发展，带动了棉、麻纺织业及服饰加工业的发展。壮族地区新石器时代文化遗址中就出土有石制和陶制的纺轮，是用于麻纤维旋转加捻的工具。《汉书·地理志》记载："粤地……处近海，多犀、象、玳瑁、珠玑、银、铜、果、布之凑。"颜师古注："布谓诸杂细布皆是也。"我国古代时被称为布的主要是麻、

---

❶ 覃彩銮等. 壮侗民族建筑文化. 南宁：广西民族出版社，2006；张声震主编《壮学丛书》序，4.

苎、葛等植物纤维织品。这说明壮族很早以前就能用麻类纤维织布了。《尚书·禹贡》说扬州"岛夷卉服，厥篚织贝"。这里的扬州是指淮河以南至南海的广大地区。壮族先民很早就已经种植和使用棉花了。

围绕着稻作农耕，在壮族先民的观念中形成了一系列的崇拜对象，并形成了以祭祀这些崇拜对象为中心的节日活动：例如红水河一带从正月初一到十五过蛙婆节，举行祭祀蛙神活动；新年祭祀牛栏；春节过后举行开耕仪式；播种时举行祭祀禾苗和祭祀牛魂仪式；稻谷结实泛黄时过尝新节；十月霜降收获以后过糍粑节。每个节日都举行一定的仪式并有相应的壮歌，不少地方在插秧、收割时都举行隆重的峒场歌会，通过这些活动，满足他们对物质生活和精神生活的追求。

3. 信仰文化

先秦时期的越人则盛行鸡卜，即鸡骨卜。据《史记·孝武本纪》记载："是时既灭南越，越人通之乃言：'越人俗信鬼，而其祠皆见鬼，数有效……'乃令越巫立越祝祠，安台无坛，亦祠天神上帝百鬼，而以鸡卜。上言之，越祠鸡卜始用焉。"《资治通鉴》汉武帝元封二年（公元前109年）条胡三省注称，史记正义曰："鸡卜骨，上自有孔，裂似人物形则吉，不足则凶。今岭南犹行此法。"在壮族民间至今仍流传有多种《鸡卜经》抄本。

先秦时代的壮族民族在长期的发展过程中，形成了自己的原始宗教信仰。他们崇拜的对象有火神、水神、树木神、土地神、山神、石神、雷神、太阳神等，他们把某些自然物升华为与自己有亲缘关系的人格化的神，形成了独具特色的图腾崇拜，如花图腾、蛇图腾、鸟图腾、蛙图腾、犬图腾、稻谷图腾等。在以万物有灵观念为核心的自然崇拜、神话体系和鸡卜占术的基础上，由越巫发展产生了以祷祝神灵禳解的"麽"教形式。"麽"意含喃诵经诗、通神祈禳。原始巫教无主神，由巫觋施法卜测吉凶。❶麽教则崇奉创世神布洛陀为至上神和教祖，其壮语意义为河谷中法术高强的祖公。在布洛陀神话基础上孕育产生的长诗《布洛陀》，是壮族的创世史诗，是史前时期壮族先民社会的百科全书，它包含远古壮族祖先的生产斗争、社会生活、风俗习惯、原始宗教、原始意识乃至原始社会崩溃过程等丰富的内容。随着生产力的发展，阶段开始分化，原始公社制逐渐瓦解，部落联盟和国家雏形逐步形成。随着社会的发展，各部落的交往日益频繁，彼此交融形成了体系神话，如《特康射太阳》《布伯》《岑逊王》《莫一大王》等。

❶ 覃彩銮等. 壮侗民族建筑文化. 南宁：广西民族出版社，2006；张声震主编《壮学丛书》序，8.

图2-9　铜鼓

（来源：摄于广西民族博物馆）

图2-10　花山壁画

（来源：摄于广西民族博物馆）

4. 艺术文化

　　壮族地区的青铜铸造业发端于春秋时期，到战国时期有了较大的发展，铸造的器物除了早期的钺、斧、镞、镖外，还有刀、剑、矛、钟、鼓、鼎、铃、人首柱形器、叉形器等，形制和装饰的花纹图案丰富，具有明显的地方民族特色，其中最具代表性的要数铜鼓（图2-9）。[1]

　　铜鼓是源于稻作农业的一种艺术，铜鼓纹饰中太阳、雷纹、水波纹以及蛙纹等都与稻作农业有关，一些地方把铜鼓叫"蛙鼓"。民族学家罗香林说："至谓铜鼓制作，并与祈雨有关，则亦有客观依据。观鼓面常铸立体蛙蛤或蟾蜍，殆即因祈雨而作。"壮族民间收藏铜鼓时，有用稻草绳拴其耳，或将铜鼓倒置盛满稻谷的习俗，谓之"养鼓"。这些都说明铜鼓与青蛙的关系，以及它们与稻作农业的密切关系。

　　先秦时期岭南地区西瓯、骆越先民的绘画艺术成就主要表现为用色彩（即赫红色矿物颜料）绘制的崖壁画。广西左江流域的花山壁画（图2-10）最为壮观，其人像之众、物像之多、场面之大，在我国已发现的崖壁画中首屈一指，在世界范围内亦为罕见。壁画采用概括、写实、夸张乃至变形手法进行创作，把举手顿足的人物舞蹈形象描绘得生动传神，富于艺术韵味。一些学者认为，左江流域崖壁画所绘的是剪影式模仿立蛙动作的群体舞蹈场面，是壮族先民以祈雨为目的的蛙崇拜的再现[2]，其源于稻作农业。

　　壮族先民以好歌善唱而著称。春秋战国时期，地处岭南地区的瓯骆民族歌谣就以

---

[1] 覃彩銮等. 壮侗民族建筑文化. 南宁：广西民族出版社，2006：张声震主编《壮学丛书》序，6.
[2] 覃彩銮等. 壮侗民族建筑文化. 南宁：广西民族出版社，2006：张声震主编《壮学丛书》序，7.

独特的形式、韵律与风格而享有盛誉。汉代刘向所著《说苑·善说篇》所载的楚国令尹鄂君子皙泛舟湖中欣赏的《越人歌》，根据壮族语言学家韦庆稳翻译考证，为壮族先民的歌。歌的起头句"今夕何夕兮？搴舟中流？"与北部壮族传统夜山歌中常用的起兴句（今晚是什么晚上？乌鸦衔火落在社屋边）十分相似，可见壮族民歌与其先民越人歌有着深刻的渊源关系，由此亦印证了清代李调元的《南粤笔记》关于"粤俗好歌""粤歌始自榜人之女"（即为鄂君子皙唱《越人歌》的榜木世——越人女子）的记述。作为骆越后裔的壮族，承传了这种歌唱风习。他们"自幼习歌"，"乡村唱和成风"，"皆临机自撰"，并且有定期的唱歌节日活动，歌谣文化尤为发达。如在右江河谷田东县的仰岩和田阳县的敢壮，自古以来每年都举行有数以万计群众参加的岩洞歌会的活动，流传有著名的壮族传统长篇排歌《欢敢》和《欢嘹》❶。《欢敢》和《欢嘹》为源于母系氏族社会的自然崇拜和生殖崇拜活动的产物，后经历代发展，演变为以情歌为主干的传统歌式。流传于红水河一带蚂拐节活动的"蛙婆歌"，实质上是氏族部落祭祀蛙图腾以祈求风调雨顺、五谷丰登的歌谣。由于宗教节日举行隆重仪式，一个氏族部落或多个氏族部落的人们聚集在一起，欢歌狂舞，这就给青年男女提供了择偶的机会。这种祭祀性的歌唱活动，后来便发展成以男女会唱为主体的"歌圩"。

2.2.2　中央王朝统治时期历史文化

秦瓯战争之后，始皇帝统一岭南，壮族由自主发展时代转入了在统一的中央政权治理下与汉族和其他少数民族杂处中生存和发展时期，经过文化的碰撞与互相交融、整合，形成了多元的文化结构。

2.2.2.1　历史过程

公元前219年，秦始皇发兵50万，兵分五路向岭南挺进，对岭南越人发起攻击，到公元前214年，终于统一了整个岭南地区。从此以后，岭南正式处于中央王朝的统一治辖之下，进入一个新的历史发展时期。

秦始皇遣赵佗建立南越国后，欧骆役属南越。汉在原秦置三郡（南海、桂林、象郡）的范围内分置九郡，瓯骆即居苍梧郡和郁林郡的大部分，成为汉王朝的郡县之民。此后，瓯骆所居的苍梧郡和郁林郡的大部分，由于河流纵横，交通比较便利：东北沿桂江可通荆湘、汉水以达中原；东南顺西江东下到珠江口，再沿海北上与闽、浙、苏、鲁各省相通，因而与中原汉族接触较多，在汉族先进的经济文化的影响下，

---

❶ 覃彩銮等. 壮侗民族建筑文化. 南宁：广西民族出版社，2006；张声震主编《壮学丛书》序，9.

一部分欧骆人逐渐地被汉族同化。但另一部分瓯骆人则由于深居山间，或因躲避兵灾而外逃，其中多沿西江而上或沿红水河西走，东汉后则成为俚族之一部分。❶

俚人最早见于《后汉书·南蛮西南夷列传》："列武十二年（36年），九真微外蛮里张游，率种人慕化内属，封为归汉里君。"这里所称的"蛮里"，以后改称为俚。三国时期，万震的《南州异物志》记载说："广州南有贼曰俚，此贼在广州之南，苍梧（今广西梧州）、郁林（今广西贵港）、合浦、宁浦（今广西横县）、高凉（今广东阳江等地）五郡中央，地方数千里。"俚人活动的地方与乌浒人活动的地方交错，说明了两者之间的关系。宋人乐史撰的《太平寰宇记》说："贵州（今广西贵县）连山数百里，皆俚人，即乌浒蛮。"这更表明了两者的同属关系。

"僚"的名称，首见于晋人张华所著《博物志》："荆州极西南至蜀，诸民曰僚子。"此后，僚的使用范围逐渐扩大，分布在陕西、四川、贵州、云南、广西、广东、福建、江西、湖南、湖北、越南北方等地的古代一些族群，都曾被称为"僚"。在岭南地区，"僚"则多与"俚""乌浒""蛮"等并称，称为"俚僚""乌浒僚""蛮僚""洞僚""山僚"等，"僚"于是也成为壮族先民的一种称呼。❷

隋末唐初，岭南地区又一次为越族人肖铣所割据，号称梁帝，先后统一了岭南及长江以南很多地方。唐武德四年（621年），唐将李靖于两湖击败肖铣，直抵桂州（今桂林），派人招抚岭南壮族先民各部首领冯盎、李光度、宁长真等，并授予官职。"凡所怀辑九十六州，户六十余万"，岭南复归统一。

壮族社会历经百越、瓯骆、骆越、乌浒等族群阶段，从商、周到南北朝时期完成了从部落发展到民族的历史过程，自唐朝以后，进入了独立的壮族形成、发展时期。唐代统治者在岭南地区设立了50多个羁縻州县。宋代健全严密的羁縻州县制度，形成了土司制度，当时邕州有羁縻州县峒60多个。11世纪中叶，侬智高建立"大历国""天南国"，1052年在邕州自立为仁惠皇帝，改年号为启历，这标志着壮族的正式形成。

2.2.2.2　王朝的统治政策

秦始皇统一岭南之后，即按照中原地区所推行的郡县制度，在岭南地区设置桂林、象郡、南海三郡，将其地置于秦王朝的行政管辖之下。汉朝至隋朝，中央封建统治者继续秦朝的郡县设置，但他们已认识到壮族先民有自己的社会特点，不能按中原汉族地区的郡县制进行统治，从而设立初郡、俚郡、僚郡、左郡、左县，进行间接统

---

❶ 徐杰舜. 从骆到壮——壮族起源和形成试探. 学术论坛. 1990（5）：73.
❷《壮族简史》编写组. 壮族简史. 北京：民族出版社，2008：12-13.

治。但是，由于壮族地区地处偏僻，封建统治者并未能进行直接统治。至两晋南北朝时期，中原地区战争频繁，根本没有力量顾及。所以，居住在边远山区的壮族先民很少与外界交往，其社会经济和文化，依然"皆巢居鸟语"，保留着浓厚的民族语言和民族风习，其文化是在受外文化影响较小的前提下发展变化的。

唐宋时期，南方各民族与中央王朝的联系更加密切。唐朝开元初年，南方的凿齿、雕题、牂牁、乌浒之酋长曾参加唐朝在泰山的封禅盛典。北宋时期，南宁州龙氏最为活跃，自宋太祖乾德以来率先归附，屡率牂牁等部落入朝。两宋时期，大理国到横山寨卖马（今广西田东），兼搜集汉文书籍《文选五臣注》《初学记》及医释等书。大理国向宋朝索取的经、史、子、集等书籍要经过壮族聚居地转运，对汉文化在这些地方的传播有一定促进作用。随着中央王朝统治的深入、交往的频繁，壮族在保持僚人文化的同时，逐渐少量接受了汉族文化。

元朝统一，国家疆土空前扩大。中央王朝对边疆各族地方的治理，感到鞭长莫及，故而沿袭唐、宋的"以夷治夷"之道，设置宣慰司、宣抚司、安抚司、溪洞军民总管府、土州等土司机构，职官参用土人。在壮族地区，宣慰使、宣抚使由王朝委派蒙古人或汉人充任，而安抚使、军民总管、土知州等官则以壮族首领参任。土司机构的设立，并参用壮族首领为安抚使、总管、知州等官，说明元代土司制度已经在唐、宋羁縻制度基础上确立。明代初，对原来土官来归者"即用原官授之"，土司制度在宋、元的基础上得到进一步发展。稳定的地域和农业经济，是羁縻制度能发展到土司制度的最重要的基础。土官世领其土，世长其民，土司制度得以延续。

土司制度在加强中央王朝统治的同时，伴随了大规模的移民屯垦，为壮族地区带来了汉人先进的生产技术和劳动工具。中央王朝制定的一系列政治、经济措施，使得原有的奴隶制度瓦解，走向封建地主经济，促进了该地区社会经济的发展；加强了壮族与中原地区的文化与经济交流；倡儒学，设学校，促进了民族文化的发展。但是，土司制度也有其消极的一面。由于王朝采取"以夷制夷""分而治之"的通知策略，造成了各土司之间的矛盾激化，对抗与隔阂严重，造成了壮族各地区分散、闭塞，发展极不平衡；土司本身的残酷统治，造成了人民生活困苦不堪。

明王朝统一全国之后，形势发生很大变化，我国封建社会已经发展到它的后期阶段。随着封建专制制度的发展，封建中央集权有了进一步的加强，对地方的控制也得到了进一步加强。但是，具有一定独立性的土司政权，对社会经济发展是不利的。因此，当土官能顺从中央的统辖时，尚可容忍它的继续存在；当各土司叛逆王朝，而王朝又有足够的力量对付土司时，它就利用种种机会和借口对土司进行"改土归流"，即废除少数民族地区中的世袭土官，改为由封建中央直接委派而定期轮换的流官。但土官是地方的统治者和利益的既得者，自然不肯轻易失去权势，因而改流和反改流的斗争不仅是激烈的，而且是长期的。

明代壮族西部地区的改土归流随着明朝的建立就已开始，直到明朝末年还在进行，持续进行了200多年。改流的地方不少，被改流的土司，有的处在交通方便的地方，有的处在闭塞的边境。改土归流是一场激烈的政治斗争，有的改流后又恢复了土官的统治；有的流官表面上取得了胜利，其实际统治大权仍然掌握在土官、官族或土目的手中；有的地方改流后社会经济和文化有所发展，有的地方改流后出现反复和动乱，社会经济遭受破坏。改流后流官统治得到巩固者尚属少数。

清代壮族土司统治区的经济和文化比壮族东部壮汉族杂居地区还落后得多。但是，壮族西部地区组藏着丰富的矿产资源，这些都是社会经济发展所需要的。同时，清代有的壮族土官统治区已经成为一个较大的地域交通、商品转运的重要枢纽。但由于土司统治的存在，使社会不能顺利地利用土司统治区的资源，也使通过土司统治区的交通和商业受阻。为使土司统治区的交通畅达和贸易得以顺利进行，资源得到利用，对土司统治进行改流，已是大势所趋。

清代壮族土司的改流，分为两个阶段，前阶段是清顺治、康熙、雍正、乾隆时期：将强大的土司如镇安、泗城、思明等土府进行改流；后阶段对如田州、阳万、凭祥等弱小土司进行改流。

民国时期改流持续的时间也很长，因此，有的土官在改流前就大量地挥霍财产，出卖土地，其势力已很衰微，改流以后已经一蹶不起。但经过改流后民国时期的"清赋"，又给原土属人民带来了几倍甚至十几倍的田赋负担，但比之土官统治时期农奴所受的种种经济剥削和政治压迫，还是有所减轻。民国时期改土归流的积极意义也是客观存在的。

改土归流为壮族地区发展起到了一定的积极作用，主要表现在：

首先，改土归流使壮族地区政治、经济、文化得以稳步健康地发展。土司或土官的封建割据以及相互攻伐混战，不仅严重破坏社会生产力，给人民带来深重灾难，且严重阻碍壮族各地区政治、经济、文化的联系。改土归流，废除土司统治制度，各府县由流官治理，层层隶属于中央王朝，使壮族地区直接纳入中央王朝的行政范围，政治、经济制度与内地逐步趋于统一，打破原来的领主割据状态，使壮族各地区的政治、经济和文化的联系得以加强，消除了土司或土官互相攻伐的混战局面，稳定了社会秩序和生产秩序，使壮族人民有了一个比较安定的社会环境，得以安心生产，整个社会的政治、经济、文化可以较为稳健、健康地发展。

其次，经过改土归流，壮族地区设置府县制，政治制度与内地汉族地区趋于一致，这就为大批汉人进入壮族地区提供了政治条件。在土司时代，汉族人要进入壮族地区，自然要受制于土司，因而生畏，不敢贸然深入。府县制，改由流官主政，汉族人因而自由出入壮族地区。人是文化传播和接受的主体，大批汉人进入壮族聚居区，为壮汉文化的交流奠定了基础。

最后，改土归流，改变了由土司或土官垄断政治、经济和特权的局面，使非官族的其他社会阶层获得了政治、经济和文化教育权利的机会。改土归流前接受汉文化教育的机会为土司或土官子弟专有。改土归流后，在府县有学宫、书院，在村寨有义学和私塾，以习汉文化为内容的学校遍及壮族城乡，使大批非官族的壮族子弟有受教育的机会。

2.2.2.3 汉文化的传播及壮汉交融

文化传播是人类文化由文化源地向外辐射传播或由一个社会群体向另一群体的散布过程。可分为直接传播和间接传播。前者通常由具备文化的人们通过商队、军队等途径直接传播某种精神或物质方面的文化内容，如新的农艺技术和发明创造等；后者表现出一种比较复杂的文化扩散力，主要指某一社会群体借用外来文化特征中的原理，进行文明创造活动的一种刺激传播。随着各种不同类型的汉族移民迁入广西，客观上导致汉文化在广西的传播。汉族移民主要分为三大类：一是入桂的汉族官吏，二是军事移民，三是经济移民，以下具体分析不同类型的汉族移民对壮族文化的影响。

1. 汉文化传播的主体

（1）汉族官吏

汉族官吏是广西汉文化传播的重要主体。他们是朝廷文化政策的制订与实施者，主导并体现着一个社会的文化趋向。历代朝廷派遣或贬谪到广西的官员中较为杰出的有隋桂州总管令狐熙、容州刺史韦丹、宋广西转运使陈尧叟、唐柳州刺史柳宗元。自从元朝在广西设立土司制度，入桂的汉族官吏日渐增多。明朝嘉庆《广西通志》载："广西从洪武至崇祯间就任的省级主要文职官员有1410人，其中总督120人，巡抚27人，巡按164人，布政使159人，参政200人，参议141人，按察使106人，副使249人，佥事244人。"再加上知府、知州、知县及各级机构中的杂职官员，数量则更多。居于这些职位的官员及其僚属，成为入籍本地的一批特殊移民。

入桂汉族官吏以传播汉文化、倡导儒学为主旨，他们的文化传播活动重教与化的结合。柳宗元在柳州的四年里，重修孔庙、兴办学堂书院、破除巫神迷信、开凿饮用水井等，促进了柳州地方文明的发展。为振兴粤西文教，清康熙时期的广西学政王如辰大造兴学舆论，他为桂林重修府学作《重修府学记》："余督学粤西，敕兵抚民之暇，首议兴学，以明伦广教为拨乱反正之第一义，乃进藩泉、郡县吏、博士于庭，谋即郡学之故而修之。制增于旧而役不扰民。盖自是全粤之郡县学逆风而创者、修者接踵告成功矣。"此外，广西籍文人通过科举与入仕，行走于省内外，带进了外省的文化，流通了本地的文化，促进了文化的交流与传播。❶

　　少数民族文人作为文化接受者与传播者的特殊作用也非常明显。明清时期，在左江上游一带，农赓尧、郑绍曾和赵克广得风气之先，作为文人先驱，或以诗作为规范，或以品格作为楷模，或以教授相传习，深为后人所推崇。北京国子监典籍黄体正，后半生多以教授为业，先后主讲全州、迁江、西隆、桂林、桂平各书院，"得南北名孝廉多出其门"，"学者宗之"。此外如归顺州（今靖西）的唐昌令、童毓灵、袁思名，崇善（今崇左）的滕问海，永淳（今横县）的何家齐和余明道，忻城的莫震，永宁州（今永福）的刘新翰，上林张鹏展家族，宾州（今宾阳）女诗人陆小姑等，都是开当地风气的人物。纵观这些壮族文人的一生，对广西尤其壮族人民思想意识的开化和封建文化的传播都起了促进的作用。壮族文人一方面深受汉文化的影响，另一方面他们又具有壮民族意识及其风俗习惯。因此他们的文化传播行为更易于为壮族群众所接受，对本民族的影响十分深刻，对推动壮族社会的文明进步作用显著。

　　（2）军事移民

　　军事政治型移民是为了戍疆、开疆以及流放政治犯而产生的移民，移民的主体是军人、军属及朝廷官员。最初的移民入桂就是因为军事原因，公元前214年，秦始皇用兵50万统一了岭南之地，设置南海、桂林、象郡三郡，南来大军大都留戍岭南，其后，"尉佗逾五岭……使人上书求女无夫家者三万人，以为士卒衣补，秦皇帝可其万五千人"，解决了部分汉人士卒的婚姻问题。这些谪戍岭南的军人军属，成为开发岭南的第一批北来人口。从人口数量上看，当时三郡的39万人中，就有移民近十万人。元鼎五年（公元前112年），汉武帝平南越，将原来三郡分为苍梧、郁林、合浦等九郡，南来的汉族官兵和百姓更多了。建武十八年（公元42年），东汉光武帝又派马援平交趾征侧、征贰叛乱，"所过辄为郡县，治城郭"。三国时，中原战乱频繁，不少汉族南来避难，与西瓯、骆越部族杂处。魏晋南北朝，中原战乱，北人避乱大批南下，在桂东北的荔浦、资源、富川、贺县、平乐一带封侯食邑。唐初，在广西设

---

❶ 黄海云. 清代广西汉文化传播研究（至1840年）. 中央民族大学博士学位论文，2006：31.

桂、容、邕三管，并在桂西一带设立了50多个羁縻州县。北宋年间，朝廷在镇压侬智高起义后，在桂西壮族地区设置了36个土州、7个土县，以及太平、永平、横山、湖润等寨，土州县虽多以土人为官，但土司衙门内一些职位如师爷等常聘用知识丰富的汉人担任。汉族开始全面进入桂西山区。❶ 明代实行卫所制，卫所的士兵大都来自广西以外地区。如桂中地区由于少数民族起义最为频繁，且处于中原联系岭南的交通要道，卫所的分布就比较集中，有柳州卫和来宾、迁江、贵县、象州、宾州等守御千户所。"如以每卫5600人，每所1120人足额计，明代桂中地区共驻有卫所官兵11200人，按每一军户3人计算，连同家属在内大约有33600人。这些卫所官兵的来源相当广泛，山东、河南、江西、湖广、广东等地均有移民以卫所官兵的身份迁居此地。"❷ 据刘锡蕃《岭表记蛮》中记载：清初，每年押送到广西各府的流犯多至二三百人。汉军士卒与军流遣犯亦是广西汉文化传播的重要主体，他们为数众多，不少人最终选择落籍广西。在与当地人民的接触中，更多地在习俗、艺术、观念形态等方面影响广西。

（3）经济移民

经济型移民主要是指以经商、农业开垦等经济目的而发生的人口迁移。自汉代以来，中原商贾溯湘江、过灵渠、走桂江，经南流江抵广西合浦出海，与东南亚各国进行海上的商贸往来。这些商人到达广西沿海地区并在此定居生活，至今留下的许多汉墓及出土文物仍然可见中原文化的印记。明清时期，由于广西水路交通发达，广东商人沿西江逆流而上进入广西经商，到达桂林、邕州（今南宁）、横州以及玉林、钦州等一切可通舟楫之处，形成了"无东不成市"的商业局面，绝大多数州县均设有粤东（广东）会馆。明万历时期，南海人刘遂璧"素志经商，迁桂平崇善里凤藤村"，今桂平城外厢居民皆为广府商人之后。清康熙年间，苍梧县戎圩即建有粤东会馆，清乾隆时戎圩的广府商人多达1200家以上。广西的四大名镇之一的桂林灵川县大圩镇，沿漓江北岸立街设坊，各地商人纷纷在此建造会馆，居住经商，有名的商号较多，曾有"四大家""八中家""二十四小家"等。到民国初年，大圩已经形成八条大街，十多个码头的规模，是桂北地区重要的商品集散地。在红水河以南的桂西南地区，广东商人也是当地城镇经济的主要支柱，如雷平土司（今大新县内）乾隆年间已建有粤东会馆，百色镇的粤东会馆亦建于清代。及至民国，广西苍梧的戎圩、平南的大乌、桂平的江口三大圩市几乎全被广东客商垄断。民间还有无数以小手艺为生的汉族流民。大

❶ 黄海云. 清代广西汉文化传播研究（至1840年）. 中央民族大学博士学位论文，2006：6.
❷ 范玉春. 移民与中国文化. 桂林：广西师范大学出版社，2005：317.

量商人和经济移民进入广西，与当地人共处，给广西社会增添了活力。

农业开垦也是汉族移民南迁的重要原因之一。宋元时期，岭南地区的客家人主要分布在粤东北和粤东，到明清时期，由于日益增长的人口和有限的土地资源的矛盾日益尖锐，导致客家人的第四次大迁徙，同时，明代广西壮、瑶族人被朝廷清剿，荒芜的土地正好成为客家人垦殖的对象。《明实录》有相关记载："广西桂林府古田县、柳州府马平县皆山势相连，瑶、壮恃以为恶。我军北进，贼即南却……广东招发广州等府南海等县砍山流食瑶人……并招南雄、韶州等府西江流往做工听顾（雇）之人……俱发填塞。"❶入清以后，迁居广西的客家人大增，遍及山区各地从事农业开垦，据民国《桂平县志》记载，太平天国起义地金田村一带的客家人大部分就是清康熙年间由当地政府招民垦荒从广东而来。

同时，由于广西和湖南接壤，明代后期至清代，大量湖南籍农业移民进入桂东北，从事垦荒、种植玉米、红薯等杂粮，与此同时大批手工业工人和商人入桂，清嘉庆时期，全州县境内"业六工者十九江右、湖南客民"❷。另外，由于中原战乱而迁入广西寻求安身之所的也可视为经济型移民。广西地处岭南，远离中原政治中心，社会环境相对安定和宽松，而中原地区历史上的三国鼎立、东晋十六国的分裂、南北朝的对峙、唐代的安史之乱都导致北方战乱不断，因此中原大量汉族和流民南迁进入包括广西在内的岭南地区。

总之，汉族移民对广西的政治、经济、文化、工商业、手工业、农业等各方面带来了很大的影响。汉族移民的进入，促进了广西少数民族从原来的封建领主制向封建地主制的转化；汉族移民的开垦，扩大了广西的耕地面积，为广西带来了内地先进的农业生产技术，使原来十分荒芜的土地兴起了许多新兴的城镇村落，为今日广西的城镇墟落奠定了基础；汉族移民进入广西，还促进了工商业和文化事业的发展。店铺的开设，物资的丰富，使广西早期商品经济得到发展，商品经济的意识亦在广西民众中得到传播；汉族移民中的手工业者把先进的手工技术传播到广西各地，比如烧砖、制瓦以及更为先进的木材榫卯技术，这些技术在促进广西壮族建构技术发展方面起到了积极作用；在文化方面，汉族移民向来有重视教育的传统，他们在广西各地播撒了崇儒重教的意识，还带来了丰富的宗教信仰等方面的思想文化。汉族移民进入广西地区，促进了民族之间的融合，对广西各民族生产、生活、风俗、习惯、语言等方面的

---

❶ 司徒尚纪. 岭南历史人文地理——广府、客家、福佬民系比较研究. 广州：中山大学出版社，2001：45.
❷ 范玉春. 移民与中国文化. 桂林：广西师范大学出版社，2005：319.

产生了深刻的影响。

两千多年来，广西的主体民族壮族与汉族的人口比例呈相反方向发展，壮族占广西总人口比例由大变小，汉族占总人口比例由小变大。壮族的分布地域由遍布全区转而退居桂西（包括桂西南与桂西北），汉族则由北而南，由东而西渐进。❶

相比壮族、侗族这些原生民族，苗族、瑶族也是从外地迁徙而来，最终在广西找到了生存的沃土，得以长期和这里的壮侗民族杂处相生，他们在广西的分布方式主要是以小范围聚居为主。

苗族是远古"九黎"和"三苗"的后裔，距今5000多年前，居住在长江中下游和黄河下游一带。明清时期，苗族大规模徙入滇东南的广南、开化和广西府。瑶族亦为"九黎""三苗"之后，秦汉时期他们是生活在湖南的"长沙蛮""五溪蛮"和"武陵蛮"的一部分，南北朝时期被迫北迁，隋唐时期由于统治者的压迫和歧视而返回南方，到明清时期，广西成为瑶族的主要聚居地。

苗族、瑶族迁居壮族地区较晚，故一般住山头或箐头，在广西形成了"汉人占市场、侬人占水头、瑶族占箐头、苗族占山头"的居住格局。也有苗族和瑶族与壮人杂居的村寨，比如龙胜的龙脊村壮寨就有瑶族和苗族居民，大多已与壮人同俗。明代至清初，在政治上苗人和瑶人受壮族土司和土官的直接统治，他们中一部分除了在深山绝岭、人迹未至的地方耕无主的荒地外，大多数人以支付劳役地租或实物地租的形式耕种土官的山地。一般而言，壮族土官、土司对苗族、瑶族的人身控制不如对壮族严厉，瑶族、苗族有较多的人身自由，可以随时举家举村迁居他处，土官并不加以干涉。壮族则世代耕种农奴"份地"，人身依附于土官，不能随意离开"份地"，迁居他乡。因此广西各地的苗族、瑶族村寨大多保持着原生的干栏形态，受汉族影响较小，而壮族村寨则形态多元，干栏、地居等居住形式兼有；木材、泥砖、夯土、砖石等建材皆有所采用。

经济上，壮族与苗族、瑶族有一定的互补关系。壮族人近水，善种水稻，瑶族人和苗族人善于山地种植。壮族向瑶族、苗族学习玉米、旱谷、瓜豆的种植技术和经验，苗族、瑶族向壮族学习水稻选种、耕播、施肥、管理经验以及手工工匠技术。苗族、瑶族在与壮族的长期交往中，逐步会说壮语，习壮人风俗，壮族亦对他们的生产生活有所了解。在广西龙胜、三江地区的壮寨、侗寨、苗寨、瑶寨，其建筑风格、构架形式多有相似之处，这与族群之间的相互影响、学习交流是分不开的。

---

❶　黄海云. 清代广西汉文化传播研究（至1840年）. 中央民族大学博士学位论文，2006：7.

2. 汉文化传播的内容

汉文化传播的内容博大而精深，主要体现在儒学、习俗、信仰、艺术四个方面，儒学是中国封建社会的主流文化，秦统一岭南被认为是"儒学南传"的开始。文化传播与交流的过程其实是一个移风易俗的过程，汉族习俗的传播体现了文化的冲突与融合。在信仰的传播方面，佛、道两教的传播均体现出了世俗化的倾向。在艺术的多渠道传播方面，汉族戏剧与曲艺的传入，推动了广西多种地方汉族戏剧的形成，并广泛传播，少数民族戏剧也走向了形成与发展的兴盛期。

清代汉俗在广西的影响已十分深入。清嘉庆初年，广西巡抚谢启昆曾总结广西民俗受汉俗影响的概况："广西为南方边徼，秦汉始置郡县，历代号为瘴乡。元明以来，腹地数郡，四方寓居者多，风气无异中土。然犹民四蛮六，习俗各殊，他郡则民居什一而已，国朝德教远播，蛮夷向化，其改流府县，亦已民七蛮三，读书乡举，通籍有人，虽土司人民亦渐耻沿旧习矣。"从谢启昆的记载可见，汉俗的传播随着汉民在广西的寓居而扩大影响，即使是土司地区，也日渐接受汉俗。

礼仪民俗包括诞生礼仪、成年礼仪、婚姻礼仪、丧葬礼仪、建造仪式等。及至近现代广西很多地方的礼仪习俗已大都遵循汉族礼仪。

清代广西民居结构已出现了多种材料与多种地方式样并存等特点。在民族地区，汉族与少数民族的居住方式共存。汉族的房屋："富家大屋，覆之以瓦，不施栈板，惟敷瓦于椽间。仰视其屋，徒取其不藏鼠，日光穿漏，不以为厌也。"少数民族的房屋，则仍沿用古代的干栏建筑："小民垒土为墙，而架宇其上，全不施柱，四壁不加涂饰，夜间焚膏，其光四出。"广西壮族传统住房一般是木结构的干栏建筑。这种建筑虽可以适应南方潮湿的天气，但随着清代地方经济的发展、个人私有财产积聚的增多，这种房子的稳固性以及防盗功能的欠缺日渐明显。在汉族的烧砖、烧瓦等建房技术日渐广泛传播的背景下，广西城镇住房发展为砖木结构为主，而农村则多保持泥房及木结构。随着各省汉人的移入，他们也为广西带来了富有原居地特色的住房样式。各省民居相混合，互相取长补短，你中有我，我中有你，最终至难以区分的地步，如桂北地区许多壮族村寨全然是广府建筑风格。

关于佛教传入广西的时间，当今学术界较为一致的意见是在汉末三国。汉末三国是佛教进入广西的初传期，佛教由海上经扶南到达交趾港，然后由南至北传至江南。唐至宋是传入广西的鼎盛期。隋唐时，中国化的大乘教又由北至南传回广西，以桂州（治今桂林）为传播的中心，宋朝为广西佛教传播的鼎盛期，以禅宗和净土宗传播最快。明清是佛教在广西传播的衰落期。寺庙庵堂虽然已深入到桂西山区，但日趋儒释道三教合一的佛教，在民间巫教的包围下，日趋世俗化。观音、关公、文昌在许多佛堂中合祀的现象十分普遍。不少地方还把巫教神祇与佛教神祇混合，从而使佛教在广西无可避免地走向了衰落。

道教源于中国古代的巫术、秦汉时的神仙方术，殷周时期的尊天祀祖观念是我国道教的思想根源。道教于东汉传入广西，时有道士到广西容县都娇山修道。东晋著名道士葛洪曾在北流勾漏山修炼。唐宋时，道教在广西发展很快，桂东北、桂北、桂东南、桂南、桂东等地均有宫观分布，其中以桂东北居多。元朝时，道教向桂西、桂西南传播，土司地区如土万承州（治今大新县）、土上林县（治今田东县）的治所分别建起了道观。桂北的永福、桂南的崇左也传入了道教。明朝时，道教失去了官方的政治支持，再加上道教自身理论的停滞、组织的涣散，走向了衰微之路。内因及外因交织迫使道教走向了世俗化的道路。道教的内容变得明显简单化和粗俗化。明朝，道教的传播范围已扩大到广西的一半地区，尤以桂南、桂西发展较迅速。桂西边远少数民族地区如镇安府（治今德保县）、田州府（治今田东县）、泗城府（治今凌云县）、旧城土司（治今平果县）均建立了道观；桂西南少数民族地区的土府思恩府（治今平果县）、向武土州（治今天等县）等地亦修有道观。清朝统治者明确尊黄教（即喇嘛教）抑道教，道教在衰落之路中更向世俗化方向发展，道教日渐向广西民间渗透，融进广西的世俗生活，这个传播渗透的速度较历朝为快。广西的道教已成了一个集各族民间迷信、民间神祇于道教外壳的大熔炉。道教消融在民间信仰之中。广西各地壮族聚居区中建房的风水讲究以及种种仪式都有道教的影响。

佛、道两教因与广西的原始宗教有着一些共同的信仰基础，为迎合清代广西社会的需要，佛、道文化的传播，最终消融在少数民族文化之中，佛、道教在广西的传播，促进了土、汉的融合。

3. 壮汉交融

随着广西汉族移民规模日益盛大，汉文化传播对广西的经济、文化亦产生了巨大的影响，主要体现在三个方面：

（1）汉文化传播导致大量的壮族融合于汉族中间。文化的传播是一个文化逐渐浸染的过程。壮族融合于汉族，在汉族入桂的历史过程早已发生，在清代，则达到了封建时代的顶峰。据刘锡蕃《岭表纪蛮》中所说："桂省汉人自明清两代迁来者，约占十分之八。"大量的汉族入桂，带动了广西古代汉文化传播鼎盛时期的到来。除了被动移入如屯戍、流放者之外，许多汉族移民如农、商、手工业者把广西视为创业的乐土而自觉进入广西，他们生活较有保障，因而生齿日繁，人口得以高速地增长。汉族人口的优势，导致了文化传播的强势，使得大量壮族融合于汉族之中。"明建广西省。瑶、僮多于汉人十倍，盘万山之中，踞三江之险"❶；明中期嘉靖时，巡按广西御史冯彬尚说："广西一省，狼人（指壮族）居其半，其三瑶人，其二居民（即汉人），以区区二分之民，介蛮夷之中，事难猝举"❷；"广西元明以来，腹地数郡民四蛮六，他郡则民居十一而已"，清代"改流府县民七蛮三"❸。汉族与包括壮族在内的少数民族的人口比例的变化，既是汉族移民增加的结果，也有部分壮族转化为汉族的原因。

壮族融合于汉族的原因无非是强迫同化与自然融合两种。随着统治的深化，广大壮族被纳入封建王朝的直接统治之下。少数民族因其风俗习惯、文化特点与汉族迥异，而受到了汉族统治者的歧视。从而出现强迫同化之举。强迫同化是统治阶级以行政命令、军事暴力等手段，强迫部分壮族改变其语言文字、风俗习惯、宗教信仰等民族特征，使之同化于另一个民族之中。在民族压迫与民族剥削之下，壮族的政治、经济、文化的发展受到阻碍，其民族意识出现扭曲，部分壮族因敬慕华风而自然融合于汉族。自然融合是民族间在政治、经济、文化各方面长期交往而使一个民族（或民族的一部分）接受另一个民族的影响，失去自己的民族特点而变成另一个民族。由于汉族在政治、经济、文化上的强大优势，这种自然同化的速度是历代递增的，其中在桂东、桂东北、桂东南以及各大中城镇尤为突出。这些地区在古代壮族人口一直占据优势，但是"清末时，壮汉人口比例已成对半分之势。桂东的浔州、平乐、梧州、桂林、钦州等府地汉人已占了绝大多数"❹。

少数民族受汉文化影响的程度，既有地区的差异，也有民族内部的差异。地理分布上，水陆交通便利，地近人口密度较高省份（如湖南、广东等）的桂东、桂南、桂北的玉林、梧州、钦州、桂林等地，是接纳汉族移民最多的地方，受汉文化影响的程度最深，少数民族汉化的时间最早，人数也最多。中部的柳州、南宁次之，西部百色、河池、崇左地区再次之。❺

桂东、桂东北、桂东南地区的壮族人完全融入汉族社会文化之中，因此这一地区的壮族村落大多完全采用汉族的民居建筑形式，以广府风格和湘赣风格最为普遍，与当地汉族村落几无差别。

---

❶ 赵尔巽等编修. 清史稿. 卷516. 列传330. 土司五.
❷ 《粤西丛载》卷二十六.
❸ 谢启昆. 广西通志. 卷87. "舆地略"八.
❹ 顾有识. 汉人入桂及壮汉人口比例消长考略. 范宏贵，顾有识. 壮族论稿. 南宁：广西人民出版社，1989：49.
❺ 黄海云. 清代广西汉文化传播研究（至1840年）. 中央民族大学博士学位论文，2006：165.

（2）汉文化的传播，促进了广西经济与社会的发展。广西壮族社会长期以农耕经济为主导，生活较为贫苦，商业流通落后。来自农业、手工业及教育科技文化发展水平较先进省份的商人携资入桂，开发粤西市场，一些商民甚至定居下来，世代经营。汉族移民，不仅补充了高素质的劳动力，而且在手工业、农业、矿业等方面带来了先进的生产技术、生产工具和新的作物品种。明清以来广西耕地面积扩大，不少偏僻地区改进水利及灌溉设施，习用牛耕和各种铁制工具，玉米、红薯、花生、马铃薯、烟叶等作物的推广与栽培，都与汉族移民丰富的生产经验的传播与交流分不开。

广西地处边隅，自古以来商品经济不发达，重农而轻商，尤其是在偏僻的桂西地区。明代以来，先进省份的工匠、商人纷纷进入广西经商谋利，不少人最终选择落籍广西，他们精通商贾之道，长于各种技艺。例如有记载，来宾县"县境商民，强半属广东籍……凡绘画、丹漆暨雕刻结构如屏窗、几榻之属皆桂平、贵县或广东、湖南外来之匠为之……石工亦多湖南人"❶历史上长期小农经济思想的影响，让广西土著社会形成了根深蒂固的贱商思想，这种思想，在外省籍商人的频繁经济活动的冲击下，终于有所改变。粤西土著习商，至清乾隆以后方志渐多记载。在广东商人云集的浔州府（治今桂平市），当地壮族群众开始学粤商贩纸贩盐。玉林人的进步更为明显，他们积极向外来粤商学习，从进粤商店铺做学徒开始，逐渐独立经营，发展成在广西有名的玉林商帮。至民国中期，玉林商人反超本地粤商且向桂西辐射。❷

经济条件的改善以及汉族制砖、制瓦等工艺的传播，使得传统壮族民居在外观、结构、建材等多方面发生了改良和变化。壮族民居在建筑形式上受到了汉文化的影响，体现出多元文化的面貌。例如会馆属移民性质的组织，会馆的文化娱乐活动就带有文化交流的色彩，外籍汉民的会馆从而也成为民间汉文化传播重要的"桥头堡"。会馆建筑多精美、高大，以广府式居多（图2-11），它的建筑风格对本地区壮族工匠有一定示范作用，有些民居亦从中吸取设计素材，例如平果县城附近的壮族民居将广府式的建筑中瓜柱造型运用到自身穿斗式构架之中（图2-12）。

（3）汉文化在广西的传播，促进了当地文化风气的演变。尊孔、崇儒、重教等风气在许多地方形成。大量汉族官吏、文人、军士、工匠、商人及其后代，秉承了汉族的先进文化，利用自己的地位和优势，大力推行与传播汉文化，以促使民风民俗的改变。清康熙间，阳朔县人朱若爽"所居与僮近，每于朔望召集，教以孝弟忠信，僮人

---

❶（民国）来宾县志. 下篇：104，221.
❷黄海云. 清代广西汉文化传播研究（至1840年）. 中央民族大学博士学位论文，2006：169.

图2-11　百色粤东会馆

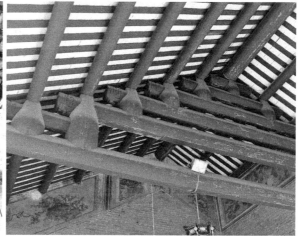

（a）平果百良村民居瓜柱造型　　　　　　　　　（b）百色粤东会馆瓜柱造型

图2-12　瓜柱造型

由是感化者多"❶。在与汉族长期交往的历史中，壮族发展成为一个包容性、接纳性很强的民族。正因为如此，近现代壮族社会的经济文化能发展到一个较高的水平，与本地区汉族社会的经济与文化水平最为接近，最终发展成为当代中华民族大家庭中的一个有着悠久历史、独特文化、人口众多的少数民族。

　　汉族的传统礼制观念的传入，在壮族传统民居上最为突出的体现就是堂屋的礼仪作用，中心为尊的思想占据主流，壮族先民以火塘为中心的原始崇拜让位于汉文化以堂屋为中心的祖先崇拜，火塘的地位也让位于堂屋。

---

❶（民国）阳朔县志. 第8编. 卷4.

2.3　广西壮族的文化特点

纵观壮族从自主发展到王朝统治的历史过程，可以说以岭南百越文化为主体，汉文化和其他少数民族文化为补充的多源结构，是壮族文化的特点所在。

2.3.1　信仰多元化

广西文化多元化的突出表现之一是民间信仰的多元化。受佛、道世俗化的影响，清代广西各地各族呈现出一个繁杂的多神信仰局面。广西境内的壮族没有形成一个统一的宗教。佛教、道教的传入，融入广西的壮族传统民间信仰之中，形成了和谐交融的局面。汉族是一个多神信仰的民族，且移入广西的汉族来自不同的省份，因而带来了多神崇拜。这些偶像，既有佛教的，也有道教的，也有各省汉族的本地神，这些偶像与广西壮族人所崇拜的三界公、莫一大王、雷王、土司等和谐共处，构成了广西壮族信仰民俗的一大特色。例如在桂中来宾地区，既崇奉道教神"北帝"，又拜壮族本地掌管生育之神"花婆"；桂东阳朔地区的壮族村落修建有祠堂，祭拜祖宗之外还祭天地、拜神佛，甚至井、灶、门槛、猪牛栏等，莫不祭拜；龙胜地区的壮族既拜"天地君亲师"，又崇奉莫一大王。

道巫合流也是广西壮族信仰多元化的特点之一。广西许多民族为越人后裔，越人好鬼，自昔而然，病不延医，专请鬼婆祈福。鬼婆系指女性原始巫教职业者，汉族移入后，随着道教的传播推广，她们逐渐让位于道教的男性宗教职业者。道教在广西壮族地区最主要的是风水祈福功能，这是广西道教能逐渐取代和融合本地原始巫教的一大原因。汉族的风水之说已在广西壮族中十分盛行，阳宅阴宅的选址及建造都需辨明风水、举行各种仪式，极为讲究。

2.3.2　语言多元化

汉语方言是汉文化传播的工具，汉语作为汉文化的载体，在广西得到广泛的传播。历史上，因迁入广西的各省移民众多，汉语首先是从各省不同的汉语方言区传入的，移民为广西带来了丰富的汉语方言，其中最为突出的是粤语方言。粤方言随着广东移民的进入而广泛传入各地，使粤语方言成为最主要的方言之一；其次，不同的方言又受本地方言的影响，在传播中发生一些变异，从而形成了广西各地不同的汉语方言。

汉语在清代广西社会也占据了重要的地位。少数民族需要学习汉语才能在官司、

贸易、科考、仕途等方面融入汉族社会。其中以桂东少数民族语言受汉语同化的现象
比较严重，壮人由使用壮语，继而壮语、汉语兼通，最后甚至失去母语，改操桂柳
话、白话、客家话等汉语方言。桂西则不同，土官壮人居多，操壮语；圩场以壮话为
第一交易语言，书院学宫少，一般民众难以通过学校教育学习汉语，因此汉语方言不
甚流行。

广西现有汉语方言共6种，即官话、白话（粤语）、平话、客家话、湘语、闽语，
语种数在全国名列前茅。官话主要分布在桂林市区、柳州市区，桂林地区、柳州地区
的大部分县域，河池、宜州、南丹、都安、天峨等市以及百色、钦州、梧州、南宁等
地区的少数乡镇。白话主要分布在桂东、桂东南、桂南的梧州市、梧州地区、玉林地
区、北海市、防城港市、钦州市、南宁市区、南宁地区以及桂西的百色市等地。平话
主要分布在南宁市郊区、南宁地区、柳州地区、百色地区、桂林市郊区、桂林地区等
地。客家话以陆川、博白、贺县较为集中，贵港、平南、柳城等地次之。湘语则分布
在桂林地区北部全州、灌阳、资源、兴安4个县。闽语则分布在平南、北流、桂平、
平乐、恭城、玉林市等地。❶

各种汉语方言的传播在市区及市郊较为普遍。在乡间，除了桂东、桂东南、桂东
北一带汉族人口比例高，汉话较为流行外，其他等地区仍是以壮话方言为主导。无论
如何，汉族方言的传播，推进了各地域汉族文化在广西的传播，形成了不同类型汉文
化的影响区域，并在各自文化以及壮汉文化的交界地带形成了杂糅相陈的文化现象。

2.3.3 区域发展不平衡

文化传播的地区差别导致广西壮族文化的发展地区间不平衡。广西的汉族人口主
要集中分布在广西东部、东南部以及东北部的桂林、贺州、梧州、玉林、防城、钦州
等市内，地理上连成一片；另外，柳州、南宁、河池、来宾等城市或各县的县城，也
是汉族集中居住之地。这些地区地势平坦、土壤肥沃，自然条件优越，利于发展农业
生产。自古以来广西东部地区是汉人移民最早、汉族人口最集中、开发最早、经济最
为发达的地区。而桂西北、桂西、桂西南等地，主要包括河池、百色、崇左等市，壮
族人口较多，山地较多、自然条件较差，因此汉文化在这一区域的传播较缓，壮族传
统文化保存较完整，经济条件较为落后。此外，明清时期的广东商人，沿西江及红水
河流域深入桂西地区，在各流域附近形成了汉人集中分布的大小集镇，成为汉文化向

---

❶ 黄海云. 清代广西汉文化传播研究（至1840年）. 中央民族大学博士学位论文，2006：176.

（a）阳朔龙潭村　　　　　　　　　（b）阳朔朗梓村

图2-13　龙潭村、朗梓村汉化建筑风格

桂西输出的"桥头堡"。汉文化传播对于广西各地的壮族及其居住形式的影响因地域不同而各有特点：

（一）今广东西部、广西东部和北部地区的壮族人自唐代以后逐渐融合于汉族，但汉越融合后的汉人，保留了许多越文化的特征，他们已不是中原的汉人，而是岭南化的汉人。这一地区的壮族聚落及民居多已完全采用汉族的建筑形式，其中比较典型的是桂东北地区的广府式和湘赣式风格，比如阳朔地区的朗梓、龙潭等（图2-13）。

（二）今桂西南、桂西北、桂中南及滇东、黔南、粤西地区，地处边陲，山多险峻，交通不便，古来经济、社会发展滞后，接受汉文化的影响较之东部迟缓，民族意识强固，与中央封建王朝的矛盾时有恶化，唐、宋、明、清历代，反抗中央王朝封建压迫的起义不断。这个地区的壮族对本民族传统文化的自我意识即主体观念较强，但对汉族文化不仅表现出积极的开放、包容意识，而且体现出善于吸收、融化和自我创造的精神，他们保持民族语言本质的一致性，利用汉字及其构字方法构造表达壮语音义的民族文字；吸收汉族宗教文化因素，形成了"筛"（师教）为代表、信仰多神的民间宗教；以氏族部落"都老"制为核心的社会组织结构的延续；以民歌为主流和以歌圩为表征的文学艺术。在居住文化上，这一地区的壮族较好地传承和延续了传统的干栏建筑形式，与地域内其他民族间的不断交流与学习使其木结构加工技艺渐趋成熟，汉族礼制观念被巧妙地融入民族建筑空间之中。龙胜、西林地区的壮族民居是这一区域人居文化的典型代表（图2-14）。

（三）在桂西，有少部分汉人长期与越人杂居，融入越人中，这在中国汉族与少数民族融合中是少有的现象，例如地处广西西部的靖西、德保、那坡等县，从古代到近现代都有相当数量的汉人因从政、从军、经商、开垦等原因迁入，但至今这些县的

（a）龙胜龙脊壮寨　　　　　　　　　　（b）西林那岩壮寨

图2-14　龙胜、西林壮寨建筑风格

（a）那坡达文屯　　　　　　　　　　（b）那坡马独屯

图2-15　那坡壮寨建筑风格

壮族人口仍占总人口的95%以上，其中靖西县壮族人口占99.4%，德保县壮族人口占97%，说明这些迁入的汉人绝大部分已经融入壮族之中。❶这一地区的传统壮族聚落及民居还保持着最为原始的面貌，较少受到汉族文化的影响，以那坡地区的村寨最为典型（图2-15）。

　　区域间文化传播及发展的不平衡，造就了广西壮族地域文化的异彩纷呈，既有完全汉化的现象，也有汉壮文化交融以及壮文化占主导的不同境况。

❶　覃彩銮等. 壮侗民族建筑文化. 南宁：广西民族出版社，2006：张声震主编《壮学丛书》序，10.

第3章

广西壮族人居建筑
文化区域分布

自然背景和人文背景是决定壮族人居文化呈区域性分布的关键因素。自然条件对聚落人居的选址、规模以及外观形态等影响较大，而人文环境则对于聚落人居的空间组织秩序、民居内部的空间序列关系、建筑结构等起决定作用。同时，人居文化又是一个动态变化的过程，广西壮族人居文化既是壮族自身文化传承、发展演变的结果，也有外来文化尤其是汉文化的影响、融合的作用。这些因素都是与地理区域相关联的，因此研究壮族人居文化的类别还是要从区域划分开始。

3.1   广西壮族文化分区

民族学者多从地域、方言、移民、风俗等角度来划分文化区。壮族学者梁庭望先生在他的专著《壮族文化概论》中，将整个广大的壮族聚居与分布地区的文化，划分为9个文化区：红水河中下游文化区，柳江、龙江文化区，桂西北文化区，桂粤文化区，邕南文化区，邕江、右江文化区，左江文化区，桂边文化区和文山文化区，来考察、分析各地域的文化特色。在广西范围内的主要有8个分区：

一、红水河中下游文化区

主要包括桂平、武宣、贵港、上林、都安及来宾红水河以南地区。语言上为红水河土语区，以红水河为其联结纽带。经济上主要种植水稻和玉米，风俗相近，巫教流行，盛行勒脚歌和壮戏。语言上受汉语古平话影响较深。

二、柳江、龙江文化区

主要包括象州、荔浦、阳朔、永福、鹿寨、柳州、柳江、来宾、忻城、宜州、合山等县市。流行汉语桂柳话，壮语主要是柳江土语和部分红水河土语。以柳江、龙江作为联系纽带。经济作物主要是玉米、水稻和薯类。壮戏流传于东南部分，西部、西北流行汉族彩调，盛行歌圩。服饰基本汉化。民居形式多以汉化的砖木地居为主，受广府风格影响较多。

三、桂西北文化区

主要包括龙胜、三江、融安、融水、罗城、环江、南丹、天峨、东兰等县。地处云贵高原边缘，红水河上游和融江之间，高山众多，石山遍布。经济上以玉米、薯类、豆类为主，水稻次之。民俗浓厚，奉莫一大王。壮民传统居住建筑多以高脚干栏为主，技艺精湛。

四、桂粤湘文化区

主要包括贺县、钟山、富川、恭城、广东连山、湖南江华等县。地处贺江上游流域，跨三省，是壮族古苍梧部所在地。这一区域山峦丛立，多小块平原及台地。主要种植水稻。语言属红水河土语区，但因桂江流域汉化，被隔断成独立的文化区。民居有湘赣建筑之风。

五、邕南文化区

主要包括邕宁南部、扶绥、上思、防城、钦州、灵山、合浦等县，古代包括郁江以南的玉林地区直到高州。这一带地势平坦，多矮丘，气候炎热，雨量充沛，是主要的水稻产区。南临北部湾，渔业发达。在语言上属邕南土语区，受粤语及古平话影响很深。壮人多会粤语，大多已完全汉化。民居以砖木地居为主，多为硬山搁檩形式，广府风格较不明显。

六、邕江、右江文化区

主要包括横县、宾阳、邕北、武鸣、隆安、平果、田东、田阳、百色等，即邕江北部到右江河谷。由于这条水道的联系，形成了丘陵河谷文化区域。主要种植水稻。文化较发达，宋元明清时是桂西的政治中心，人才辈出。语言为邕北土语区和右江土语区，受汉族影响逊于邕南文化区。乡间民居多为次生形态的砖石干栏、矮脚干栏，或干栏转化而来的地居形式。

七、左江文化区

主要包括崇左、宁明、凭祥、龙州、大新、天等、德保、靖西、那坡等县。地处左江流域，多丘陵台地，气候炎热，也是重要水稻产区。方言包括左江土语和德靖土语，城镇多操粤语。壮人风俗保留较为完整。江河流域的民居多为砖木或夯土地居，德靖台地附近尚保留着原始的干栏民居。

八、桂边文化区

包括田林、西林、隆林、凌云、凤山、乐业等县。多为高山地区，林业发达。民族风俗保留完整，属于桂边土语区。山中民居仍为传统的干栏形制，尤以与云桂边界的隆林以及黔桂边界的西林最为典型。

3.2　广西壮族人居建筑文化区划

3.2.1　建筑文化分区的原因

各式各样的聚落和民居形式构成了一种复杂的文化现象，对此，任何单一的解释都无法以偏概全。然而无论有多少种解释，都得面对同一个主题：抱持着不同生活及理念的人们，如何去应对不同的物质环境。由于社会、文化、仪式、经济以及物态诸因素间的相互作用千差万别，这些应对方式也跟着因地而异，各行其道。即便这些因素和应对方式在同一地方也会因岁月流逝而逐渐变化，但是对原始性和风土性民居而言，形式上的绝少嬗变和历史永续，却是其显著特征。❶

从人文地理学的角度看，决定地域内人居建筑文化的因素包括自然地理因素和人文因素。自然地理因素主要包括自然条件、地形地貌、水系植被以及地方物产、资源分布等要素，这是外因；人文因素则主要指：本地区长期聚居的人群在社会生活中形成的特定的观念、信仰、习俗、社会风尚等，这是内因。此外，经济的发展以及技术的革新对于聚落的规模以及民居的营建也起着重要的影响。建筑文化特征产生区域差别的原因是人文与自然两方面综合作用的结果。

3.2.1.1　山形走势

从山脉分布走势看，广西境内的高山主要集中在中西部，东部多为孤立小山。这也决定了广西的总体地形是西高东低，西部多山区，东部多平原。东西部的分界非常明显，是由南北走势的天平山—架桥岭—大瑶山—十万大山一线进行分隔。因此，东部平原地区也是汉族占据较早，而西部地区由于高山阻隔，汉文化的影响和渗透逐渐减弱，并且其渗透主要是通过各大江河进入西部地区，在各流域附近产生影响和传播。此外，就西部地区来看，大明山—都阳山—秦王老山—金钟山一脉把整个桂西分成桂西北和桂西、桂西南两部分。桂西北高山延绵与云贵高原衔接，主要河流是红水河以及柳江上游；桂西和桂西南则山地与平原、盆地相间，主要涵盖左右江流域。山形走势不仅造成了自然地理的差别，也成为文化传播与交流的天然屏障。

总的来说，广西地区的地形特点是：西北多山，中部多丘陵，东南多平原，其间各大江大河流域内的河谷平原也是人口较为密集的居住地。这种特点决定了在西、北山地地区地理环境的限制因素最为强烈，对于原始住民，顺应地理环境的居住方式，是最为节约，也最易于实现的。

通过全区范围内的调查，目前较为完整的木结构干栏聚落主要分布在桂东北龙胜、三江地区和桂西北的西林地区。以龙脊地区为例，这里平均海拔700～800m，坡度大多在26～35°，最大坡度达50°，是典型的"九山半水半分田"的山区地貌。壮族原始居民在这样的地形上营建聚落，自然选择了沿等高线分台发展的聚落模式以最大程度的顺应地形，同时选择底层架空，木柱落地支撑的干栏民居形式以最大的程度减少挖方。同时他们的生产场所——梯田也是平行等高线分台设置，并且把海拔较低

---

❶ 阿摩斯·拉普卜特. 宅形与文化. 常青等，译. 北京：中国建筑工业出版社，2007：92.

较平缓的坡地留给了田地，住宅选择了海拔较高、较陡的位置来建设，这反映出原住民对于田地的珍视。由于平整用地的稀少，猪牛圈通常设置在干栏底层。

地形地貌对于民居形式的影响是多样的，这还反映在诸多民居营建的细节上，例如民居的入户方式：在桂北山区的壮族山寨中，常见的入户方式是正面侧入的方式，这种方式相较于正面直入的方式无疑更加节省前后住宅之间的狭窄间距，可以为住宅前部留出更多的空地以放置生产、生活设施。更有甚者，有些民居采用的是侧面入户或者住宅背面入户的方式，这种住宅前部一般空间极为局促，甚至直临陡坎，入口连接的平面通常在二层，前部形成吊脚楼。这种建筑形式被称为"半干栏"，是用来应对坡度更陡、前后住宅间距更为狭窄的空间地形。

此外，地质条件同样与民居的营建密切相关，主要表现在为民居建筑提供多样化的承载基地和天然的建筑原料两个方面。任何建筑结构体系选择的基本条件就是地质状况，民居亦然。[1]因地制宜、就地取材从来就是民居建筑的营建原则。广西很多山区因为是喀斯特地貌，盛产石材，其壮族民居大量地运用石材，包括石筑基础和首层墙基，甚至柱础采用石柱以防水防朽。在河谷地带和生土较多的地区则利用不同的土质，选择夯土、土坯砖和烧制砖瓦等不同方式建造房屋。壮族民居也因此在建筑材料上呈现出纷繁的地域特征。

3.2.1.2　气候与植被

广西地区的气候普遍炎热潮湿，日温差和季节性温差较小并且日照辐射强烈。这决定了住宅形式需要最有效的遮阳措施和最低的热容。因为温差小，所以蓄热变得没有意义，通风散热的需求成为最重要的建筑性能指标。湿热地区的建筑要求开敞和尽可能地做到前后通风，因而产生了狭长的形体、分散的布局以及最少的墙体。[2]壮族传统聚落的错落布局与自由分散的平面形式不仅是基于地形的限制，也是对于气候环境的呼应。

由于在上古时代广西地区林木繁茂，瘴气、毒蛇、猛兽丛生，于是底层架空因其通风良好、隔绝潮气、排水顺畅（可防止山洪及暴雨冲刷）且防卫性较好而成为民居形式的主流。坡屋顶不仅排水良好，而且由于屋顶夹层空间的存在，其遮阳和隔热效果也很好，堂屋的中空处理以及外墙与屋面交界处的漏空处理利用了"烟囱效应"的原理对于建筑的通风、排烟很有利。深远的出檐以及前廊的设置可以防止日晒雨淋，

❶ 李晓峰编著. 乡土建筑——跨学科研究理论与方法. 北京：中国建筑工业出版社，2005：102.
❷ 阿摩斯·拉普卜特. 宅形与文化. 常青等，译. 北京：中国建筑工业出版社，2007：92.

并起到降温的作用。

在桂北山区海拔较高的地方，气候夏热冬冷，雨水充沛，冬季有雪，其屋顶坡度普遍较桂西南地区要陡，且均有举折做法，便于屋面排水；而桂西南地区气候炎热，日照强烈，民居空间进深普遍比桂西北地区大4~5m，且开窗较少，以保证室内环境的阴凉，由于雨水较少，屋顶坡度一般较小，东西山墙还做成木骨泥墙以提高热容量。民居通过屋顶的局部明瓦来补光。由于白天的大部分时间都在田间劳作或者在入口的门廊活动，采光的需求显得并不重要。这些都是民居形式对于气候的适宜回应。

植被的分布对于以木材为主要建材之一的传统壮族民居影响深远。桂西北地区，气温与降雨条件适合杉木的生长，因此这些地区的木结构干栏多以杉木为主材。由于杉木的生长周期较短，可持续性较高，这些地区的干栏建筑仍能较好地保存和繁衍下来并可持续性发展。而在桂南以及桂中石山地区，杉木生长条件不足，这里的建材多以杂木结合夯土、石材为主，由于杂木的不可持续性，这些地区的干栏建筑正在消失和衰败。

聚落和民居形态的多样性并不能用地形地貌和气候来完全解释，但是地理与气候作为民居建造的基础条件，依然对它们具有一定的影响力。当技术水平有限、缺乏控制自然的有效途径时，人们往往只能顺应自然。在这种情况下，地理和气候的作用就更加明显了。❶

地理和气候对于传统聚落的发展起着明显的制约作用，这可以解释为什么在广西地区曾经广泛存在的干栏建筑如今只能在自然地理条件限制性较强的桂西北、东北山区才得以完整地保存，而在自然条件较为宽松的桂中河谷地带以及桂东南丘陵、平原地带则逐渐为地居式民居所替代。原始居民改变环境和抵御自然的能力越有限，自然环境对其的限制就越明显；而随着壮族居民改造和应对环境的能力增强，自然条件的限制变得越来越容易克服。

3.2.1.3　族群与风俗习惯

从族群角度来看，广西的壮族按照方言与分布区域分为南壮和北壮两大支系。从桂南沿郁江和右江而上，到平果县后再沿北回归线往西，上至云南省富宁县，沿此线划分，以北为壮族北部方言区，俗称"北壮"；以南为壮族南部方言区，俗称"南壮"。广西北壮的分布区主要是龙胜、三江、永福、融安、融水、罗城、环江、河池、南丹、天峨、东兰、巴马、柳江、来宾、宜山、柳城、忻城、贺县、阳朔、荔

---

❶ 阿摩斯·拉普卜特. 宅形与文化. 常青等，译. 北京：中国建筑工业出版社，2007：82.

浦、鹿寨、桂平、贵县、武宣、象州、上林、都安、马山、横县、邕宁（北部）、宾阳、武鸣、平果、田东、田阳、百色、凤山、田林、隆林、西林、凌云、乐业等县（自治县）；而广西南壮的分布区域主要是天等、大新、崇左、宁明、龙州、凭祥、隆安、扶绥、上思、钦州、防城、邕宁（南部）、靖西、德保、那坡等县（自治县）。❶ 北壮多自称为"布壮""布侬"，而南部壮族多自称为"布侬"。南北壮族的差异首先体现在语言上，两类方言都属于汉藏语系壮侗语族壮傣语支，但是南壮方言和北壮方言大约有30%～40%的词汇不相同，相互之间很难沟通。

　　除了语言的不同，南、北壮族的族群源流也不同，明人欧大任的《百越先贤志·自序》说："牂柯西下邕、雍、绥建，故骆越也。"此外，据《汉书》和《后汉书》所载，汉代的珠崖郡、交趾郡、九真郡都是骆越人活动居住的区域。也就是说，今天的左江流域和越南红河三角洲一带及海南岛是当时骆越人活动居住的区域，而左江流域正好是今天南壮的分布区域，可见南壮和古代骆越人的渊源关系十分密切。而北壮，则和西瓯人的关系紧密。《百越先贤志·自序》说："译吁宋旧址湘漓而南，故西瓯也。"由此可知，西瓯人的活动区域在灵渠以南。《汉书·南粤王列传》说，汉武帝平定南越时，"越桂林监居翁谕告瓯骆四十余万口降"。居翁为南越桂林监，他所能谕告招降的瓯骆人必是其属下之民。南越国的桂林郡大体上是汉代的郁林郡与苍梧郡，包括了整个桂江流域和西江流域中游一带的广大地区，这是古代西瓯人活动的区域。以上这些地区大部分是今日北壮的分布区。可见，古代西瓯、骆越人的分布区域恰好是今天北壮和南壮的分布区域，这一迹象表明，今天的南壮和北壮与历史上的骆越和西瓯有着密切的渊源关系，两者源流有别。

　　南、北壮族的差异最为直观的表现还是在文化艺术与风俗习惯上。文化艺术的差别首先反映在铜鼓文化上。广西古代铜鼓可分为两大系统，分别称为两广系统（或粤桂系统）与滇桂系统❷。两广系统的铜鼓主要分布在广西东南部和广东西南部相连的地带，在广西境内的分布区主要有钦州、合浦、浦北、灵山、北海、玉林、北流、容县、博白、陆川、贵县、桂平、平南、昭平、苍梧、岑溪、横县、邕宁等县。这一地区正是古代西瓯人的活动区域，也是今天北壮的分布地区。而滇桂系统的铜鼓主要分布在广西的西部地区、云南中部和越南北部一带。而广西西部正是今日南壮的主要分布区，可见这个系统的铜鼓应是南壮先民骆越人铸造和使用的。此外，壮族民歌分为

---

❶ 玉时阶. 试论南北壮族文化特点之差异. 中南民族学院学报（哲学社会科学版），1990，（4）.
❷ 黄增庆. 广西两大类型铜鼓的特征和由来探讨//古代铜鼓学术讨论会论文集. 北京：文物出版社，1982.

北路壮歌和南路壮歌，壮族戏剧也有南路壮剧和北路壮剧之分。右江流域、邕江流域是南壮与北壮的最大交错分布区。这里的交往不是两者民间内部相互认同而自发进行的，而是在近似语言文字、风俗习惯和文化模式的认知下，以联盟式的方式自觉进行的。

风俗习惯是一个地区居民社会文化与生活方式的长期积淀，它已成为当地居民共有的，甚至是标准化的行为方式，并凝结在深层的文化心理之上。这种习俗一旦形成，对该社会团体的影响是长久的。

宋人周去非在《岭外代答》卷四《巢居》中记载："深广之民，结栅以居，上施茅屋，下豢牛豕。栅上编竹为栈，不施椅桌床榻，唯有一牛皮为裀席，寝食于斯。牛豕之秽，升闻于栈罅之间，不可向迩。彼皆习惯，莫之闻也。考其所以然，盖地多虎狼，不如是则人畜皆不得安，无乃上古巢居之意欤？"虽然现在许多山区壮寨早已没有虎狼的威胁，同时从卫生角度考虑，人畜同屋自然有气味之嫌，但居民依然采用干栏的建筑形式，可见民族的习性一旦形成，保持传统便成为一种惯性。在桂中河池地区很多居住在平地上的壮族仍然采用底部抬高、二层入户的石砌干栏形式，正是对于民族传统的遵循和传承。壮族在未受到汉族礼制思想影响之前，堂屋的观念并不突出，火塘才是家庭活动的中心，很多地区的壮族居民，仍然习惯在火塘待客，在火塘展开社交活动。很多地区的壮族民居从干栏楼居向地居转变的过程中，火塘逐渐后置或旁置，同时政府推行"灶改"，也使得原始的火塘向节能灶、沼气灶等地面式灶台转变，但在特定区域，传统的火塘间的格局依然得以持久保留。壮族民居内部空间的宗教意识和伦理观念表现出双重个性，既受到汉族宗法制度的影响而重视堂屋的居中性，又保存着少数民族对于火塘的原始崇拜。在内部空间秩序上，有一定的尊卑秩序，又相对自由。而且这种空间格局在各地的壮族民居中有不同的表现，有的体现出更多的汉族礼制特征，有的呈现出更为原始浪漫的民族风情。这在上文对于壮族民居建筑平面构成要素的分析中有所阐述。

此外，宗教与伦理观念也对聚落与建筑形态有所影响，这在汉族传统聚落中体现得最为明显，形成了以祠堂为核心的组团式布局；与壮族相邻而居的侗族也有比较严密的宗法组织，其鼓楼与歌坪、戏台成为侗寨的核心公共空间。而壮族传统聚落则更加自由与随性，其同一家族相邻而居，没有明显的中心性，更多地体现出一种匀质化与适应自然环境的随意性；公共建筑诸如土地庙、凉亭等多设置在聚落边缘与水头处，既能标识出聚落的边界，也方便劳作后休息之用，其宗教含义远远弱于世俗生活用途。壮族的宗教观念较少体现在公共场所和聚落形态上，更多地表现为集体的拜祭与共同节日等非物质文化上。

风俗习惯作为特定族群的行为生活方式，必然对容纳这些活动的空间、场所产生不同的要求，因此在传统聚落和民居上总能找到风俗习惯的烙印。总之，南、北壮族文化在发展、形成过程中既有同一性，又有地域性，各有特色。这种多层次、多结构的文化构成，不仅使壮族文化更为丰富多彩，而且也是壮族文化发展、形成的一个重要特点。

3.2.1.4　流域与文化传播

从流域来看，广西壮族聚居区多属于珠江水系的干流——西江流域，西江流域的众多上游支流都经过广西各地。自东向西最主要的几条支流有：融江—龙江—柳江、红水河、驮娘江—右江、左江。这四条水系的流域附近，聚居了广西境内绝大多数的壮族人。河流不仅是文化传播的走廊，也是经济往来的通道。其中：融江—龙江—柳江一线自古就是岭南粤商经西江进入桂北地区的主要航线，产生了像丹州古镇这样的重要物资集散地，而柳州也成了广西最为发达的城市之一。这一流域也是广府文化在桂北地区最为发达的区域；红水河源出云南南盘江，经贵州，于广西天峨县进入广西境内。红水河流域被认为是壮族文化的发祥地之一，其周边各县市也是壮族人口最为密集的地区，由于汉人直到明清时期才进入这一流域，因此其地域内民风纯正，民族文化特点突出；驮娘江—右江一线是桂西的重要河流，它自古就是云南连通广西进入广东的重要通道，也是广府商人溯西江而上进入桂西的主要流线，流域内的百色、田东、田阳自古就是重要的物资集镇与文化交往频繁之地。驮娘江是右江的上游，发源于桂西西林县，它也是古句町国的所在；左江上游是平而河，发源于越南谅山北岭，流经桂西南龙州、崇左、扶绥、邕宁等县。左江流域是古代骆越人居住的主要区域，流传有花山壁画这样的古代文明遗迹，它也是南部壮族的传统聚居区，至今在龙州、那坡等地还保留着非常原始的壮族村落。此外，桂东北全州、贺州地区的湘江上游流域则是湘赣文化进入广西并发挥影响的区域。

文化的传播通过扩展传播和迁移传播两种方式进行：扩展传播是指在一个核心地区发展起来的一种观念或习惯逐步向外扩散，使得接受这种文化的人和出现的地区越来越多；而迁移传播则是跟随人口迁移而引入异质文化，它与迁入地的原有文化碰撞、选择、融合后形成新的文化。

作为广西地区最早和主要的土著民族之一，在古代，壮族先民的活动范围遍布广西全境，自柳江流域、红水河流域、右江流域、左江流域都发现了古代壮族祖先的遗迹。在很长一段历史时期，壮族文化作为广西地域文化的主流主要是以扩散传播的方式从平原扩散到山区，也影响到云南、广东甚至东南亚相邻地区。作为建筑文化重要载体的"干栏"聚落民居形式，曾经广泛地分布于广西全境，这在很多历史典籍的描述中屡见不鲜。

汉文化的传播，是广西壮族传统文化发展脉络上最具影响力的文化现象，随着其文化传播的深入，广西壮族文化的发展脱离了原有的轨迹，呈现出复杂的特点。文化的传播并不是文化要素和特质在空间上原封不动地转移，受到多种因素的影响，文化在传播的输出—接受的过程中更多发生的是变迁和转化，甚至产生新的文化。众多因素中，移民主客体的数量关系、迁入地的自然地理和人文条件、移民者的性格及价值观念等因素发挥了主导作用。

首先，是迁入地的自然地理和人文条件因素。在文化的传播过程中，迁入地和迁出地的地貌、气候与植被等环境必然有所区别，为了适应环境的改变，相应的生产、生活习惯也会有所变化，会导致文化的变异。比如广西壮族的干栏式夯土民居，虽然受到汉文化影响，多采用"一明两暗"的平面布局，这与汉族民居无异，但是由于气候、地形以及生产、生活方式不同等原因，仍然采用底层石材架空的方式，底层饲养牲畜，干栏生活的痕迹非常明显。

其次，文化的主体——移民的数量因素。移民人口越多，原迁出地的文化就会保存得越完整。如明清以后汉人大量进入广西，在相对的空间中，汉族人比壮、侗等土著多，汉文化得到有力传播；相反，明清以前，汉人小规模入桂，如宋代广西西部的汉族移民则被完全"壮化"和"蛮化"，在百色等地区的壮族村寨，就有不少祖籍是山东、江西的汉人完全融入壮族之中。在百色田林浪平乡有一些住在高山地区的汉族人，自称"高山汉族"，他们至今仍采用干栏建筑的民居形式，可见在壮文化强势的区域，人口数量较少的汉族在某些文化形式上也可能被"壮化"。

最后，移民主体的文化性格因素。这主要是指移民对自身文化的态度。移民广西的汉族注重家族观念和宗法礼制，这种文化性格在汉族人口较多，汉文化强势的区域表现明显，处于这些区域的壮族也受到不同程度的影响。在广府文化发达的东南地区，壮族聚落和民居完全遵照广府的建筑形制；在受湘赣文化影响的桂东北区，则多见湘赣风格的壮族民居；在桂北阳朔地区的朗梓村、龙潭村，因为处于广府文化和湘赣文化的交界之地，在外观上体现出湘赣建筑的特色，而内部空间布局又呈现出广府民居的形式；在桂中来宾市武宣地区，当地壮族聚落区域内受客家文化的影响，完全采用了客家民居的形制。可见，汉族的不同民系对广西各地域内的壮族聚落及民居起到了深刻的影响作用。

文化传播与经济生活的改变往往具有同时、同地域性。经济因素对于民居建筑营造水平和质量影响重大。各地区民居营建成就与经济水平的高低几乎是正比关系。

在广西壮族聚居地当中，桂西北龙胜山区靠近柳江、龙江流域，与桂林、柳州等汉文化发达、经济条件好的地区相邻，经济往来频繁，因此山区壮民较为富庶。加之这里田地肥沃且雨量充足，林木资源丰富，人口密度较高，因此传统聚落一般规模较大，建筑密度较高。由于有经济能力的支撑和建材资源的保证，其民居建筑体量高大，空间宽敞，建筑质量较好，建筑技术也较为精湛，无论在选材、用料以及施工工艺方面都可以算是广西壮族地区干栏建筑的最高峰；在较为贫困的桂西及桂西南地区，由于地处偏远山区，受左江流域文化、经济的辐射甚少，物质与信息交流不畅，经济面貌还保持着原始的刀耕火种的模式。加之这里石山遍布，耕地稀少，水资源匮乏，林木资源濒临枯竭，人口密度较低，建筑聚落规模一般较小，密度不高。其民居无论在建筑质量、技术，还是选材、工艺等方面，都无法与桂北地区相媲美；在桂中河池石山地区，由于林木资源的枯竭，木结构干栏建筑难以为继，已经普遍采用砖石或者夯土来建造房屋，虽然建材发生了改变，但是仍然可以从建筑质量和规模上看出各地区经济水平的差异。

总的来说，广西各流域范围内的壮族聚居区受汉文化、经济传播表现出明显的地区间不平衡：在汉文化发达地区汉化情况明显，在壮族聚居区较不明显；靠近城市周边汉化情况明显，边远山区较不明显；富贵之家明显，贫困之家不明显。

在文化上处于弱势地位的广西其他少数民族，在特定区域范围内同样对壮族文化形态产生了影响。这其中，侗族作为长期与壮族相邻而居的同源民族，其民居建筑形式对壮族民居形式也有一定影响。比如龙胜龙脊地区的壮族民居多在山面做披檐处理，这在其他地方的壮族村落中很少见，其披檐形式和同区域的侗族非常相似，由于侗族素以木构技术高超闻名，壮族与他们之间的交流学习应该是一种必然的存在。

3.2.2　建筑文化分区的依据

基于民族学角度的壮族文化分区作为参考，以山形走势、气候、族群、文化传播为研究线索，最终落实到聚落和民居建筑本体，选择最能反映建筑文化特征的要素，并将其与文化区域相关联，才能较为准确地做出壮族建筑文化区划。

从聚落来说，聚落的空间形态主要是基于聚落和自然环境的关系决定的，由于广西各地平原、丘陵、高山皆有，这种聚落形态和自然环境的关系并不能作为建筑文化分区的依据。最能反映聚落建筑文化特征的应该是聚落的空间意向,尤其是文化意向,它是该族群共同文化心理在聚居模式上的反映,可以与该地域的文化分区相对应。

建筑方面,壮族传统建筑主要是指居住建筑,因为壮族的公共建筑不发达,最能体现文化差异的建筑形式还是民居。居住建筑中重要的组成元素有:平面序列、平面组合形制、建筑构架、建筑外观及比例关系。其中,民居平面排布最能反映人们的居住观念和家庭伦理,可作为区分建筑文化区域的重要标志;在民居平面排布相似性较多的比较中,建筑构架作为传统技术文化的遗存也是一种关键的区分要素,因为建筑构架作为一种技术习惯具有较强的传承性和不易变化的特征,是建筑文化的重要表征。此外,入户方式、建材选择、建筑外观以及长宽比例,这些都可以作为建筑分区的重要参考指标。

以建筑与地面的关系来分,广西的壮族传统民居建筑主要有两种,一种是干栏,一种是地居。曹劲在其《先秦两汉岭南建筑研究》一书中认为:岭南地区自古以来就存在穴居和巢居两种原始居住模式。这与《礼记》第九篇《礼运》上记载的“昔者先王未有宫室,冬则居营窟,夏则居橧巢”是一致的。这些原始居住形态进而进化为:石峡遗址中的木骨泥墙地居式长屋、广西晓锦遗址中的干栏建筑。因而认为:岭南先民能因地制宜地建造各种房屋,干栏与陆筑(即指地居)共存,逐步形成了多彩多姿的建筑文化。这将改变长期以来学界所认为的“南方原始住宅是干栏建筑”等陈旧观念。❶因此,干栏与地居在广西壮族社会的启蒙阶段都曾经存在过,只是各自走向的不同的发展轨迹:干栏由于适应广西的山区地形与气候特点,得以保留和传承下来,并在各个区域形成了各自的特点;反观地居,在壮族聚居区的大部分地居建筑都是传统干栏建筑地面化形成的次生形态,而在汉文化强势的东部地区则全然接受了汉族地居建筑的模式,远古时期的地居形式没有得到充分发育。

虽然民族分布、语言分区、流域的不同都对民族建筑分区起着叠加的影响,但是建筑文化分区不能完全等同于文化分区,文化的传播、扩散都对建筑文化分区产生重要影响。在这里我们要廓清城镇建筑大量汉化对建筑文化分区的干扰,虽然它们也是不断发展中的建筑文化的一部分,但由于生产生活方式的现代化与国际化,建筑材料、建筑技术与信息的同质化,它们已很难表现出不同原生传统文化间的差别,本书的研究对象应该指向大量存在于乡村并未经现代化改造的传统聚落和民居。这也是本

---

❶ 曹劲. 先秦两汉岭南建筑研究. 北京:科学出版社,2009:94.

书主要的研究对象，进入尚存的原生聚落内部去探求各文化区域之间的差别及背后的原因。

对于民居建筑而言，平面排布与构架是最为基本的建筑形制的体现，因此可以以此为依据，研究各种形制在广西的地理分布，综合前述文化分区的情况，进而探讨建筑文化分区。

3.2.3　壮族人居建筑文化区划

基于以上依据，从聚落格局与建筑形制入手，壮族干栏式建筑可按照按桂西北、桂西及桂西南两区域来划分；桂中西部壮族民居主要以干栏地面化后的次生形态为主；桂东、桂东北、桂东南多为汉化地居式建筑，同时具有广府建筑、湘赣建筑以及客家建筑的风格，虽然各地略有差异，但从皆属汉族民居建筑的本质以及总体数量较少的情况可分作一区。分区情况如下：

3.2.3.1　桂西北干栏区

桂西北地区从山延绵，林木茂盛，各大江河的源头集结于此，自古就是壮族与其他少数民族安居乐业之地。主要涵盖的地区包括：龙胜、三江、融安、融水、罗城、环江、河池、南丹、东兰、天峨、凤山、乐业、凌云、田林、隆林、西林等县市。这一带的壮族民居保留着传统的干栏建筑特色。龙胜龙脊村是这一区域的典型代表，下文将以龙脊村为例，总结桂西北干栏区的建筑文化特征。

（1）龙脊村概况

龙脊村位于广西壮族自治区桂林市龙胜县和平乡东部，距桂林约80公里。龙脊村的壮族居民被称为北部壮族中的"白衣壮"（因爱穿白色衣服）。村落包括廖家寨、侯家寨、平寨、平段、七星、岩背、岩湾、岩板八个寨子，以廖家寨、侯家寨、平寨、平段四个寨子构成该村主体，平寨和平段也合称为潘家寨。

据村中族谱记载，廖、侯、潘三个姓氏在此居住已经有600余年，其祖先自明代从广西南丹和河池等地迁出，经柳州进入桂北永福、临桂、灵川、兴安地区，最后定居在龙脊。南丹、庆远（今宜州附近）自古就是壮族人口密集的地方，宋人范成大《桂海虞衡志》说："庆远、南丹溪洞之民呼为僮。"这些地方的壮族，自古就有向东、向西、向南迁徙的传统。三个姓氏曾经为了争夺土地资源而发生矛盾，最终大家通过协商，和平共处，最典型的例证就是三鱼共首的村落标志，代表着三个姓氏的居民互信共存，齐心合力。

龙脊村所处的地形可概括为"两山夹一水"——一水指的是从东北向西南穿过的

金江河，两山指的是金江河南岸的金竹山和西北岸的龙脊山，龙脊村就位于龙脊山的山腰。这里海拔较高，气候夏热冬冷，潮湿多雨，林木繁茂，以种植单季稻的梯田农业为主要经济模式。由于高山阻隔、山路崎岖，与外界交流十分有限，相邻的平安寨以梯田景观闻名而大力发展旅游产业，这里的生活生产习俗、聚落形态、建筑形式、建造过程等却还能长期保持传统的面貌。❶

（2）聚落形态

聚落整体位于一条山脊之上，坐西北而靠山坡，面东南而远眺金江河，以廖家寨、侯家寨为中心最为密集，顺山脊向上、向下逐渐稀疏（图3-1）。民居以村寨西侧的溪流（主要水源）为界，东边民居密集，西边主要是人工梯田。这种布局，利于生活与生产取水。建筑主要朝向以东南为主，但顺应各自地形等高线有细微差别。村落没有明显的中心性，溪流两侧的空地村口以及村中的闲置空地（例如村委会前的广场）成为村民户外活动主要场所。廖家与侯家几无界限，潘家在最下端，相聚较远。各寨寨口均在溪流附近，凉亭、风雨桥等公共设施也在溪流附近，方便去梯田劳作的村民歇脚、纳凉。溪流在此成为一个自然的边界，东侧建筑密集，西侧建筑稀少，土地庙也设在溪流西侧远离村寨的地方。村寨最上方的山头是村寨的风水林，郁郁葱葱，既能保护水源，又能作为木材基地。村中主要的纵向道路位于村落西侧，从上到下联系各水平向横路，横路平行等高线延伸，每隔4～5排民房有一横向道路，在村落东侧还有一条曲折的纵向道路联系各横路（图3-2）。

图3-1　龙脊村概览

❶ 吴正光等. 西南民居. 北京：清华大学出版社，2010：221.

图3-2　龙脊村概览

（来源：广西大学土木学院建071测绘）

（3）民居形态

龙脊的村落和民居是龙脊乡村社会生活的重要载体，其形态是社会制度、经济状况的反映。龙脊十三寨的壮族家庭的基本单位是家长制父系家庭，实行一夫一妻制，在子女成家后分居另立小家庭，因此每户规模不大。由于山地环境用地紧张，龙脊住宅都是独栋的吊脚木楼，没有院落，所有的生产生活功能都在一栋建筑内解决，既要保证安静、卫生的居住环境，又要避免住宅内各部分之间的相互干扰，所以干栏建筑的形式成为龙脊壮族长期适应生活需要的必然选择。❶

传统的龙脊壮族民居平面多为五开间、四进深，进深多在9~10m。采用正面侧入的方式入户，楼梯多设在正面东侧，也有设在西侧或者从二层侧面平入，形成半干栏形式的，梯段多为9级，视为吉利。楼梯上端入户处多设三面围合的门楼（仅正面开敞，因龙脊冬季寒冷，未见通长敞廊的设计），门楼一般做退堂处理，门楼的进深是从檐柱到燕柱，燕柱立门樘安放大门。首层架空，但四面一般均用木板封闭，内部不设隔墙，仅用半高的栅栏围出鸡鸭、猪、牛圈。二层平面是典型的前堂后室平面，火塘间位于堂屋两侧，一般西侧为老人使用，东侧为年轻人使用。火塘间外侧的梢间一般堆放杂物和牲畜灶台等，或开敞或封闭，视使用需求而定，梢间一般位于歇山屋顶之下。堂屋正中后墙供奉有祖先牌位，其后部共有五间房，正中间牌位背后的房间一般作为谷仓之用，不住人，以示对神灵的尊敬，两侧的四间房皆为卧室。堂屋正中屋顶通高，空间开阔，上有明瓦采光，两侧均做三层阁楼以储藏粮食和其他生产生活物资，通过可移动的木质楼梯上下（图3-3）。

龙脊古壮寨的木构干栏采用的是减枋跑马瓜的穿斗构架形式。瓜柱长度较短，规格基本一致，除各串之外，各层穿枋并不通穿（图3-4）。这种做法较为节省木材，

---

❶ 吴正光等. 西南民居. 北京：清华大学出版社，2010：226.

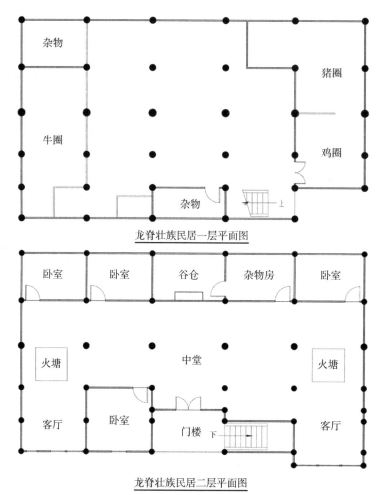

龙脊壮族民居一层平面图

龙脊壮族民居二层平面图

图3-3　龙脊壮族民居平面图

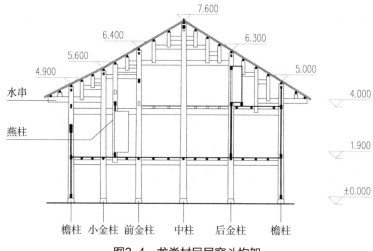

图3-4　龙脊村民居穿斗构架

图3-5　龙脊村民居内外部空间

构件规格一致，也方便加工。由于大量使用短瓜柱和短穿枋，其内部空间阻隔性不强，通透性好，利用率高，同时，这种构架对于木材加工工艺以及材料受力尺寸的经验把握等要求均较高。龙脊地区木结构加工技术高超，柱子用材细，穿枋密度低，瓜柱数量多，各落地柱之间跨度大，结构构件的尺寸形状合理、节约，形成的内部空间高大、开阔（图3-5）。

龙脊地区的木材资源丰富，木材加工技术高超，加之冬季较为寒冷，因此民居立面是壮乡中较为丰富和细致的代表。传统的龙脊民居立面封闭性较强，首层多用横拼木板为墙，上部设有竖向木格栅高窗以利通风，也有用片石砌筑填充墙，形成木材与石材的混搭立面。二层以竖版拼接的屏风门为主要维护结构，每开间2~3扇，若开窗，则窗面占一扇宽度，窗台多在60~70cm宽。正面每个开间都开有一扇窗，门楼处一般不设窗（现代多加窗以避风雨），形成一个明显凹入的洞口。山面一般设有1~2个窗口。三层前后檐下完全开敞，利于通风排烟，山面皆封闭。建筑多矗立在片石砌筑的平台之上，各平台标高不一，形成阶梯之感。传统的龙脊壮族民居，屋脊正中有金钱纹样叠瓦装饰，屋檐下吊瓜瓜头做灯笼状雕刻，其他部位则朴素自然。

综合桂西北龙胜、西林等地的壮族传统干栏聚落与建筑特点，可以总结出桂西北干栏区的主要特征：

一、聚落多位于高山陡坡地区，林木丰富，自然地理条件支撑干栏建筑的持续存在与发展。由于环境承载力较高，该区壮族聚落一般规模较大。聚落多顺应山式，平行等高线排布，由于用地规模限制以及高差较大的原因，各民居间距狭小，形成密集连绵的整体形态。

二、建筑平面形制多采用"前堂后室"的布局。底层架空饲养牲畜与储物，且多做封闭处理。架空层高度多在2～2.5m，是壮族地区干栏建筑底层最高的区域。入户方式以从正面侧上为主，并根据地形采用侧入、后入等多种形式相结合，因地制宜，灵活机动。堂屋与火塘连为一体，形成高大通透的前堂空间。两山面在用地条件许可的情况下多设披厦，披厦下部梢间与前堂空间形成东西包围之势，主要使用房间均位于二层。由于高山地区冬季寒冷，建筑要兼顾采光和保暖，建筑外窗较多，但无开敞门廊，而用门楼替代之。平面多呈横长方形，进深在9～10m，小于面宽，以保证室内空间有一定的日照时长。

三、建筑构架采用减枋跑马瓜形式的穿斗木架，轻盈通透，卯榫工艺精良，营建技术较成熟。为争取较大的使用空间，二楼以上多设吊瓜及吊柱。门楼处有设燕柱、小金柱的做法。

3.2.3.2　桂西及桂西南干栏区

桂西及桂西南地区，石山丘陵密布，壮族就生活在这一带的盆地与平峒之中。因为自然资源较为贫瘠、缺水少林、信息闭塞、经济较为落后等原因，其干栏民居形态古老、结构简约，还保留着较为原始的面貌。传统的干栏民居在与自然的抗争中形成了独特的聚落和建筑形态。这一地区包括崇左、宁明、大新、龙州、凭祥、天等、德保、靖西、那坡等县市，其典型代表是桂西那坡县达文屯干栏及龙州地区的"勾栏棚"。下面以那坡达文屯为例，详述这一区域的建筑文化特点。

1. 达文屯概况

达文屯（图3-6）位于广西西部的那坡县境内，那坡位于德靖台地——指的是今日德保、靖西、那坡三县所处的位于云贵高原边缘的一块台地，它经常被认为是广西最能体验到"原汁原味"壮族文化的地区。达文屯的壮族是南部壮族中的"黑衣壮"（因爱穿黑色衣服而得名）。

屯子位于那坡县龙合乡北部的大石山区的一个山弄之中，距离乡府所在地12公里，距离县城42公里。共有60户、296人，面积约1平方公里。居民以梁、马、黄三个姓氏为主。这里山高坡陡，石多土少，地下溶洞遍布，地表水渗漏严重，致使土壤贫瘠，粮食产量很低。仅有的少量耕地集中在大小不等的弄场（山谷里的平地）。弄场低洼易涝，也易旱，夏季山洪往弄场里灌，形成涝灾，摧毁农作物；冬春雨少，人畜饮水都十分困难。由于缺水无法种植水稻，村屯农业以种植玉米为主，玉米单位面积

图3-6　达文屯概览

产量低，平均亩产100公斤，年人均存粮200公斤，玉米主要用来饲养牲畜，食用稻米尚需购买。石灰岩山区林业发展条件差，森林植被率低，林产品产量低，林种结构单一。椿芽是当地建材的主要来源，村民历来有种植的习惯，一般分布于房前屋后，地旁路边。其生长快，3~4年即可成材，石缝弄地均可成长，耐旱。木质优良，不会生虫，可以用来做木梁、木板、柜子、桌椅等。果桃村户均50~100棵，都是在自己的责任地培育，只要把种子撒落在石缝弄地，来年都能生长。由于自然条件艰苦，屯中村民人年均收入在1000元左右，经济水平极低。

据族谱记载和传说，黑衣壮族祖先原居住在广西邕江流域附近，自宋朝时从邕州（今南宁市）一带溯江而上迁居而来。现代黑衣壮喜用双鱼对吻银项圈作为装饰物，其对鱼的崇拜应该源于其祖先就生活在江河谷地。唐代，广西曾经爆发过由黄乾耀领导的农民起义，宋代爆发了由侬智高领导的农民起义并建立了"南天国"。这些起义在当时有力地打击了封建统治，迫使统治者做出种种让步。然而，起义最终失败，统治者对起义军和他们的家族大肆绞杀，众多壮族人为逃生举家躲入深山老林，世世代代在封闭的环境中过着与世隔绝的生活。这使得古老的黑衣壮传统文化和习俗沿袭至今，完好地保留下来。黑衣壮在语言、服饰、社会生产、生活习俗等方面，基本上属于壮族共同体范畴，但也有其独特的地方，是壮族众多族群中一个比较独特的族群。其独特性主要表现在：

一、以黑为美，统一以黑色作为衣服和民族的标记，"以黑为美，以歌为命"。

二、高度聚居，那坡地区有相当多的村落全都是黑衣壮族。

三、一直实行严格的族内婚制，黑衣壮族血统古朴纯正，族规为族内通婚，但禁止直系血亲和旁系血亲七代内通婚。

长期以来，达文屯黑衣壮族的民风民俗较少受到外来文化的冲击，其村寨的自然环境、文化遗存、社会结构、经济状况和精神生活仍保持比较原始的面貌。

2. 聚落形态

一、布局朝向：整个村屯坐西南望东北，由于南北两侧皆有高山，西侧是河谷坡地的上游，而东侧较为低平，这种朝向的选择应该是为了争取更多的日照。由于依赖天然水，屯子居于谷地之中以便取水，两侧石山夹持，背靠河谷坡地，坡地种植玉米并栽种了少量椿芽树，村民坟场亦设于此，村落前景为开阔谷口，村口正前方正对一茂密风水林，林中设有土地庙，较远处是一小山，正合风水中"暗山"之象，可见先人建村时对风水的重视。建筑沿河谷等高线布置，渐次升高，各台建筑基底高差在3m左右。建筑朝向比较统一，据传建房是用罗盘定位，各户朝向根据主人的生辰八字会有微差。屯中人称此处是东西大利，朝东最好。各户的组合关系有较强的宗族观念，一般相邻的家庭多为直系亲属，很多家族甚至连接成类似长屋的联排住宅，大都各自独立入户；同姓血缘较近的家族比邻而居，各自成组。各民宅顺应等高线走势，面朝土地庙方向略呈扇形布置，整体布局没有明显的中心性（图3-7）。

二、建筑序列：从东北往西南依次是村口原有石砌寨门（已毁）——风水林（林中有神庙，祭土地神。逢农历三月初三、六月初六，各户独自朝拜）——村口小学及其前广场，小学东侧是新建的生土博物馆（据说此处曾是村口开阔地，作为公共晒场）——各不同标高的民居——后山坡地（坟场设于此）。

三、道路系统：村落中部有较直的纵向石阶坡道通往西南向村后河谷坡地，东北指向土地庙方向。同标高各户通过平行等高线的横向通道相联系，横向最终都汇集到中部的纵向通道，形成鱼骨状的道路网格。道路为山石砌筑，宽度为1.5～2m，各级高差甚大，行走艰难。屯子两侧直接以玉米地为界，并无外部绕村道路，据传曾有绕屯围墙，早已废弃。

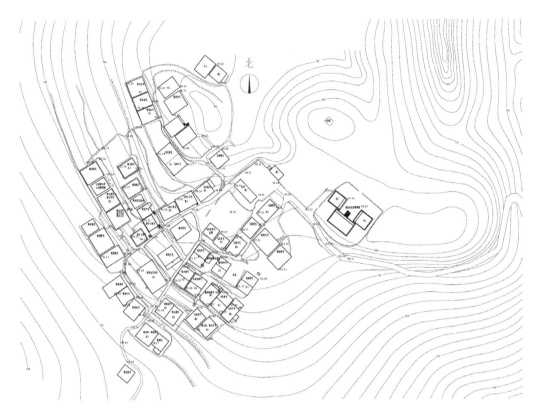

图3-7　达文屯民居总体布局

（来源：广西大学土木学院建071测绘）

3. 民居形态

（1）平面特色

村中民宅通常为三开间、七进深。当家庭人口增加需要分家时，则在相邻一侧新建一个独立单元，两户之间通常设两榀独立屋架，屋架间距通常在1～2m之间，形成一个较小开间，但内部隔墙视情况或有或无，楼板均相连，可见血亲家庭之间的关系尤为紧密。

建筑首层平面架空，内设隔墙，分别饲养不同的牲畜及堆放生产生活物资。入户楼梯依风水习俗多设在房屋东侧，根据各家主人建房时风水的推算也有设在西边的。楼梯级数一般为7～11级（取7、9、11等奇数级视为吉利），每户木梯对着路口前设有石敢当以驱鬼怪。自楼梯而上进入开敞的前廊空间，前廊一般为全面宽的通廊，有两进深（含小今柱、檐柱、外檐柱），由于进深较大，除正门开间外，两侧开间均设有一进深的卧室或杂物间。从楼梯侧上，行进序列自前廊转90°进入正中堂屋。堂屋以一列正柱为中心占左右两进深，横向占三开间（含两侧火塘间，皆与堂屋连通为一整体空间），是标准的"前堂后室"平面格局。堂屋入口正对祖先牌位神龛，火塘一般设在堂屋进门方向右侧（即西侧）。祖先牌位两侧与正中后部共有三间卧房，房间面积在9～12m²左右，男性长辈住正中，左为女性长辈，右为媳妇；儿子、女儿或成年的孙辈住门口前廊两侧的两个房间，房间面积在4～6m²。达文屯民居的平面布局反映出父权社会的家庭伦理观念，家庭成员的房间与神龛的远近关系反映出了各自的地位，而有些家族至今还保留的走婚习俗，则是母系氏族风俗的残留，其原始性可见一斑。堂屋地板中有几块木板可灵活揭开，以便从二楼直接放苞谷等饲料下去喂养底层牲畜（主要有猪、牛、鸡等）。在有的房间内靠近床头一侧也有可活动的木地板，以供夜间小便之用。除正中开间堂屋通高外，两侧开间均设有阁楼，可放置苞谷和家中杂物，充分利用层高（图3-8）。

（2）结构特色

达文屯的干栏构件是大叉手与穿斗相结合的形式。一般进深8柱落地，以中柱为中心，两侧向外依次是金柱、小金柱、檐柱，房屋前方还多一排外檐柱。各柱柱顶榫接大叉手斜梁，斜梁上均匀搁置檩条，间距在50～60cm，各檩条下侧的斜梁上钉有

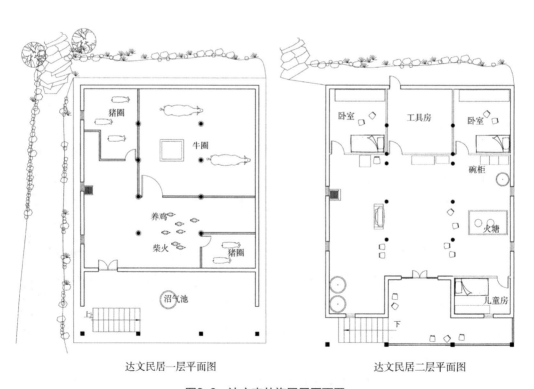

达文民居一层平面图　　　　　　　达文民居二层平面图

图3-8　达文屯壮族民居平面图

（来源：广西大学土木学院建071测绘）

木块阻止其下滑，檩条非通长，在斜梁处搭接，搭接长度在30～40cm，檩下无随檩枋。排架是较为典型的"满枋满瓜"的形式，采用1柱1瓜的形式，各瓜不等长，均落在大串上。各榀排架通过脊梁和连系梁拉结成一体。脊梁下30～40cm有一条与之平行连接两中柱的连系梁，此为当地人称为"上梁大吉"中的上梁，过年过节的时候上挂红布或者猪肉等以示吉利。达文屯的干栏建筑，外檐的柱础采用1.5m左右高的整体石柱，其他落地柱的柱础为30～40cm高的整石，应该是考虑到外檐柱防飘雨和防潮的功能。达文的干栏建筑屋顶都采用悬山形式，由于进深较大，多显得低矮，一般没有升起和起翘等构造做法，外观轮廓平直朴素。工艺上，各柱与各穿枋在尺寸上并无明显的区别，木材加工工艺较落后，与龙脊地区的干栏木构技术差距较明显，因此大部分年久失修的干栏建筑外观歪斜，结构强度和耐久性明显不足（图3-9）。

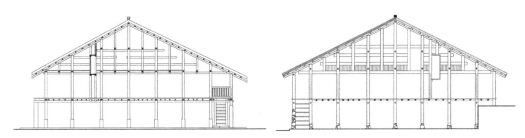

图3-9　达文屯民居木构架形式

（来源：广西大学土木学院建071测绘）

（3）立面特色

达文的民居底层架空，两侧山面及背面皆封木骨泥墙，正面皆封木板，不设开窗，房屋背立面也不开窗。正面二层为通长门廊，屋檐低矮，檐下高度为1.8～2m。木骨泥墙的泥土一般就地取材，加入龙须草后人工捣烂、捣融，使其更具黏性，然后拍于木骨架墙体上，木骨架墙体是由8～10cm直径的树干竖拼而成。木骨泥墙的做法，在广西地区也仅在那坡地区的壮族村寨中见到。究其原因，一方面是木材匮乏的权宜之计，另一方面，此地气候炎热少雨，泥墙的热工性能较好，隔热效果佳。泥糊山墙上开若干一尺见方的洞口以利房屋通风、排烟和采光。整个住宅的采光除了通过侧面泥墙上的狭小洞口外，全靠屋顶明瓦引入的天光，由于当地气候炎热，日照强烈，因此遮阳相比采光显得更为重要。由于杉木匮乏，此地建房多用椿芽木，木材需要提前1～2年备好，自然晾干。屋脊装饰极为简单，仅在屋顶两端用石头压瓦，出挑梁、枋头几无装饰，极其朴素（图3-10）。

图3-10　达文屯民居风貌

综合桂西那坡、桂西南龙州等地的壮族传统干栏聚落及民居可以总结桂西及桂西南干栏区的主要特征：

一、聚落为争取水源多位于盆地或平峒地区，林木缺乏，自然地理条件较差。聚落靠山而建，平行等高线分台设置。由于这一地区地形普遍坡度不是很陡，各民居间距较大，建筑布置较桂西北地区要稀疏。

二、建筑平面形制亦采用"前堂后室"的布局。架空层高度多在1.7～1.9m，且正面全开敞，不做封闭处理。入户方式均为正面侧上。前堂空间一般贯通房屋全部面宽，两侧梢间不设辅房。两山面均为悬山，无披厦做法，且山墙多做成木骨泥墙，那坡、龙州壮居皆如是。由于该地区气候炎热，建筑外观较为开敞，均设通长门廊。建筑平面进深一般在13.5m左右，进深相比桂北龙脊地区的壮族民居要深4～5m，进深大于面宽，平面为竖方形。这与当地日照较强、采光让位于遮阳有关。

三、建筑构架多采用满枋跑马瓜或满枋满瓜形式的穿斗架结合大叉手斜梁的形式，缺乏木材的龙州地区的民居仅在山面做满枋跑马瓜。构架厚重，较为废料，卯榫粗糙，营建技术较为落后。无吊瓜及吊柱做法。檐柱直接支撑叉手斜梁，屋檐跳出更远，还有在檐柱设斜撑的做法。

3.2.3.3　桂中西部次生干栏区

桂中西部地理位置上处于桂西北和桂西南的交界处，处于红水河下游与右江流域范围内，是东部汉族与西部壮族以及南北壮族之间接触最为频繁、交往最多的地区。它主要包括宜州、忻城、都安、马山、大化、平果、巴马、田东、田阳、百色等县市。这一地区，既受到汉文化的影响，又由保持传统的自然惯性，民居多以干栏建筑地面化形成的次生干栏类型为主。这些次生干栏民居多位于河谷平原地带，地势平

图3-11　桂中西部次生干栏

坦，耕地较多，经济条件较好，交通、信息较发达。传统的木构干栏逐步向夯土泥砖干栏、砖石干栏转变，有的地区则进一步发展为夯土砖石地居（图3-11）。具体实例在本书第4、5章展开介绍，此处不再累述。

桂中西部次生干栏区的聚落及民居主要有以下特点：

一、聚落多位于平原河谷、丘陵地带。由于场地限制较少，建筑布置比较稀松。

二、建筑平面形制多采用"一明两暗"的布局。底层多为石材砌筑的低矮架空层，高度多在1.5~1.7m，一般全封闭。入户方式多为正面直上。前堂空间仅占一个面宽，两侧为卧室。由于大量采用夯土及砖石材料，建筑外观较为封闭，无门廊，在二楼或三楼有木质出挑阳台或晒台。建筑平面进深大于面宽，平面为竖长方形。

三、建筑为山墙承重的悬山结构，山面多采用夯土、泥砖、砖石等材料。屋顶多为硬山搁檩，也有山面墙体承重，中部采用穿斗构架的混合结构的做法。

桂中西部壮族民居，断裂式发展与渐进式发展并存。石山地区由于林木日益稀少，干栏建筑渐趋衰落，新建民居跳跃式发展为砖混结构，对传统继承较少；河谷地区从木构干栏到夯土干栏、砖石干栏，进而发展为地居式民居，存在明显的渐变过渡。建材的变化与外来技术的传入导致结构形式发生变化，硬山搁檩、混合结构等结构形式颇多。但总的来说，都或多或少地保留了传统干栏建筑的基因，因此将该建筑分区命名为"桂中西部次生干栏区"。

3.2.3.4　桂东汉化地居区

桂东地区是汉族人大量进入广西并开发的主要地区，汉族人口占绝对优势。但其中仍然夹杂着为数不少的壮族传统聚落，这些聚落及民居多已汉化，完全与当地汉族建筑融为一体。这一区域包括桂林、柳州、贺州、来宾、梧州、南宁、贵港、玉林、钦州、防城、北海等地级市及其辖区范围。

基于罗香林研究汉族不同亚文化群体现象创立的民系概念，广西的汉族主要由广府、湘赣、客家三个民系构成。这三个汉族民系的文化在广西有各自的传播范围，并因此影响到各自区域内的壮族文化。

广府人主要由汉族移民与古越族杂处同化而成。从秦开始，汉族历史上多次由北至南的移民给岭南地区带来大量中原文化与人口。明清时期，随着大量广府商人西进经商，广府文化在广西散播开来。广府系文化既有古南越遗传，更受中原汉文化哺育，又受西方文化及殖民地畸形经济因素影响，具有多元的层次和构成因素。

典型的广府式建筑以粤中地区的民居为代表。民居的单体则多为"三间两廊"的小型"三合天井"模式，厅堂居中而房在两侧，厅堂前为天井，天井两旁分别为厨房和杂物房。聚落形态上采用梳式布局，以"三间两廊"住屋为单元，在村前水塘边的宗祠统帅下形成聚落，强调村落形态意义上的聚族而居。相比湘赣式民居，广府民居较多地采用硬山搁檩的结构方式，即便是明间两侧的构架，也为砖墙承重而不是木穿斗结构。镬耳山墙、人字山墙和造型丰富的脊饰是广府建筑外部造型的典型特征。

广西的广府式建筑主要分布于梧州、玉林、钦州、贺州等桂东南地区，南宁、柳州、来宾亦受广府建筑文化影响较深，同时广府建筑文化也顺着西江流域深入桂林、百色等地区。这些地区属于广东广府文化的边缘区域，其建筑特点与粤中地区也有较大差异。从聚落布局来看，水体、宗祠等的分布与规制和村落的风水意向仍具广府特色，但很少有像粤中地区那样严整规矩的梳式布局。同时，建筑单体仍以"三间两廊"为主，但规模较粤中地区为大。造成这些区别的原因除了远离广府文化核心区而致使文化产生变异外，土地及其他自然资源丰沛，人口密度较小，人均占有的资源就多，建筑单体的规模就能做得更大，而聚落也能拥有更多的用地，其形态就显得相对松弛。比较典型的广府式风格的壮族村落有桂中横县的旱桥村（图3-12）。

湘赣民系，主要分布于湖南洞庭湖以南、资水以东和江西的大部分地区。江西由于南部为南岭山脉东段，山峦重叠。而赣江纵贯南北，致使江西北部面向北方王朝开口，从秦汉时期起，北人便不断入赣，在安史之乱后，江西便成为接受北方移民的重要地区之一。湖南与江西紧邻，其间有四条通道相连，江西人除了南下到广东打工外，更多则是向西挺进到湖南，形成了"江西填湖广"的移民浪潮。谭其骧《湖南人由来考》认为：今湖南人的祖先十分之九为江苏、浙江、安徽、江西、福建人，而江西又占其中的十分之九。定居于湖南、江西的中原汉人，其口音受到古楚语的影响，逐步演变为古湘语，湘赣民系也得以形成。

图3-12　横县旱桥村广府式民居

　　湘赣系民居建筑类型特征，反映在平面上是以天井和堂屋为核心，并在"一明两暗"型的基础上发展成为"天井堂庑""天井堂厢""四合天井"和"中庭"型❶。其民居建筑平面布局基本上是上述各平面类型纵横拼接而成；其建筑结构主要为穿斗式木构架承重；变化丰富的马头墙则是湘赣式建筑造型的突出特点（图3-13）。

　　广西的湘赣式民居分布于桂东北，包括桂林全地区所有县城和贺州富川县、钟山县等地区。其中桂林南部地区的阳朔、恭城以及永福等地区的湘赣式建筑，其风格受到桂东南广府建筑的较大影响。湘赣民系对广西的开发较早，所居住的区域均为广西文化经济较为发达的地区，相对汉族其他民系，其建筑在这些地区的存留量更多。

图3-13　阳朔地区湘赣式民居

❶ 郭谦. 湘赣民系民居建筑与文化研究. 广州：华南理工大学学位论文，2002：116.

客家民系亦形成于中原汉民族的南迁过程。从西晋末年至明清千余年间，因战乱、异族入侵、社会动荡等历史原因，客家先民经历了五次大规模迁移，到了宋代，客家人在迁入地占据人口优势，形成共同的经济模式和心理素质，且客家话也脱离中原语言，融合南方少数民族语汇形成独立的方言，终于发展成为一个独立的民系并主要分布于闽、粤、赣地区。相对于广府人，客家人进入岭南地区时间较晚，平原与河流三角洲地区被广府人占据，客家人只能深入交通闭塞的山区，因而被称为"丘陵上的民族"。

客家人迁桂并形成规模是在明清时期客家第四次大规模迁徙期间，入桂原因主要为仕宦或躲避战乱。这一时期来自中原的客家人甚少，绝大多数来自广东嘉应州（今梅州）、惠州、潮州，江西赣州、宁化，福建汀州（今长汀县）、上杭等客家主要聚居地。客家人入桂很少是一次性迁徙而定居下来，多数几经辗转流离而来到现居地，从而在广西境内也形成了几条主要的迁徙路线：一是沿南岭山地的迁徙路线，途经湖南的客家人沿湘桂走廊入桂；二是从广东迁入的客家人或是福建经广东迁入广西的客家人，大多溯西江西上，从梧州进入广西；三是福建或广东客家移民从海路（即南海到北部湾）进入广西，另有从钦州溯钦江而上到达灵山。

客家人强调聚族而居，与其他民系采取以村落的形式聚居不同，客家人的整个宗族若干家庭几十人甚至几百人则习惯共同居住于同一门户之内，共享厅堂与"同一个屋顶"。相对恶劣的资源条件和地理环境使得客家人必须集约化地利用土地，选择紧凑的居住模式；为了抵御自然和人为的外来侵略，客家建筑也更强调围合性与封闭性；由于地处封闭的山区，思乡情切，客家人更加注重礼制的传承，对祖先的崇拜比其他民系更为强烈，"祠宅合一"是基本的建筑空间构建模式；同时，自称"中原正统"，沿承传统"耕读传家"思想的客家人十分重视教育，屋前的月池其实就象征着学宫大门前的半圆水池——泮池❶。客家围屋中的月池、禾坪、大门、厅堂、祖堂以及穿插于其间的内院、天井等严谨地布置在建筑的中轴线上，是客家文化完美的物化体现。客家建筑学者吴庆洲先生将客家建筑意向归纳为三点："天地人和谐之美，阳刚奋发之美，以及生命崇拜之美。天地人和谐之美是儒道哲学的共同基础，阳刚奋发之美是儒家尚雄的阳刚哲学的特色，而生命崇拜之美则是道家守雌的阴柔哲学的特色。"❷

---

❶ 余英. 中国东南系建筑区系类型研究. 北京：中国建筑工业出版社，2001：304.

❷ 吴庆洲著. 建筑哲理、意匠与文化. 北京：中国建筑工业出版社，2005：35-36.

　　陆元鼎先生在《广东民居》中将客家建筑由小至大分为门楼屋、堂横屋、杠屋、围垅屋、围屋、城堡式围屋等多种类型。按照这一划分方式，广西现存的客家式建筑主要是堂横屋式，主要分布于玉林的博白县和陆川县以及贺州八步区和柳州柳江、来宾武宣等地区。

　　从总体上看，汉族各民系建筑占据了广西地形地势平坦、交通水运发达的东部和中部地区，这为汉族各民系发展地居式建筑提供了良好的条件。湘赣民系和广府民系对广西的开发比客家民系早，因此湘赣系和广府系的建筑得以在平原地区呈面状分布，客家建筑则主要呈点状和团状，分布在广西东部海拔较高的地区。从湘赣系和广府系的比较来看，湘赣系建筑主要分布于广西东北部地区，广府系建筑则位于广西中部、东部和东南部，甚至沿西江流域深入桂西，相比起来，广府建筑的影响范围更广泛，这与明清时期广府文化，特别是商业文化在广西的广泛传播有很大的关系。

　　由于汉族文化在广西东部地区占据的支配地位，生活在这一地区的壮族汉化，除了人种和语言等方面仍具原有民族特点外，生活方式与习俗已与汉族无异，其民居样式则与其相近汉族民系建筑类型一致。如来宾武宣东乡是客家聚居地区，位于该处的壮族则同样选择堂横屋作为其民居形式，且禾坪、月池等客家建筑基本元素也一并沿用（图3-14）；金秀龙屯屯是壮族聚居村寨，村落格局却与广府村落无异（图3-15）；桂林阳朔一带是广府与湘赣两种建筑文化交融的地区，阳朔朗梓村和龙潭村的民居就同时具有这两种民系建筑的特点。

图3-14　来宾武宣东乡客家式壮族民居

图3-15　金秀龙屯屯广府式壮族民居

3.2.4　壮族人居建筑文化各分区比较

通过表3-1可对广西壮族各分区建筑文化做出比较:

各建筑分区民居比较　　　　　　　　　　　　　　表3-1

	典型平面	构架形式	入户方式	火塘位置	聚落环境
桂西北干栏区	前堂后室+辅房包围: 卧室　卧室　谷仓　杂物房　卧室　厨房 火塘　堂屋　火塘　卫 客厅　卧室　门楼　卧室	穿斗构架减枋跑马瓜	正面侧入	堂屋侧间	高山地区

	典型平面		构架形式	入户方式	火塘位置	聚落环境
桂西及桂西南干栏区	前堂后室+前堂贯通：		大叉手斜梁满枋满瓜满枋跑马瓜	正面侧入	堂屋侧间堂屋后方	盆地平峒
桂中西部次生干栏区	一明两暗：		山墙承重硬山搁檩混合结构	正面直入	堂屋后方	平原河谷
桂东汉化地居区	三间两廊：		硬山搁檩	地面正入	主屋之外辅房	平原河谷

3.3　建筑文化分区特点总结

在广西，干栏式建筑与地居式建筑的地理分布有着比较明确的地域性。干栏式民居及其次生形态——干栏地面化式民居主要分布在桂西、桂西北、桂西南山区，呈现出自桂西、桂西北、桂西南向桂中渐次减弱的态势。汉化地居式民居主要分布于桂东、桂东北、桂东南等地区，自东向西逐渐减弱，并沿红水河、右江、左江流域延伸至桂西内部。两种类型的民居在广西地域内以龙胜—金秀—横县—钦州一线为界，分成东西两板块，这与壮族人口与汉族人口东西分布的规律一致。

比较广西壮族建筑文化分区与广西壮族文化分区以及南北壮族分区之间的关系，可以看出，建筑文化与语言的分区以及族群的分布有着一定关联：在南北分区的格局上，干栏建筑的桂西北与桂西南之分与南北壮族的分区有所呼应；桂中西部的次生干栏区与壮族文化的红水河中下游文化区以及邕江、右江文化区有所重叠；桂东汉化地居区基本上与汉族在广西分布的优势地区吻合。这说明壮族建筑文化与方言、族群一样同属于文化的范畴，受到文化起源、变迁、发展的影响。当然，建筑文化的分区与方言、族群的分区并不是以一一对应的关系，它有自身的规律：

（1）建筑文化分区与壮族文化的方言分区差别较大，很多方言不一致的地区，其建筑形制几乎相同，比如桂边文化区与桂西北文化区在建筑上完全可以化为一个分区。另外，在很多壮族方言分布的区域，其建筑形制已经完全汉化，比如桂、湘、粤文化区，柳江、龙江文化区与邕南文化区，虽然壮族人口并不少，其方言得以保存下来，而建筑形制已经完全变化。可见建筑形制的区别远没有方言之间的差别那么明显，技术的交流与融合要比语言的变迁更快速，这不仅包括汉族建筑文化对壮族建筑文化的输出，也包括不同壮族方言分区之间的建筑文化融合现象。

（2）壮族建筑文化分区与壮族南北族群的分布具有一定相似性，尤其是南部壮族分区与桂西及桂西南建筑文化分区几近重合，可见秉承与西瓯、骆越的文化传统仍然是建筑文化中重要的基因成分，但是建筑文化分区与南北壮族的区别主要在于：首先，南北族群分布的区域要比壮族传统的干栏建筑分区要大，尤其是北壮。这是因为北部壮族分布的东部基本上以汉族文化为主导，其建筑形制已完全汉化。南壮的分布区也较桂西南干栏区要大，这是因为临近南宁、钦州、防城的扶绥、上思的壮族建筑也多被汉化所致；其次，位于红水河中下游以及右江流域的北壮受东部汉文化的影响也较大，在传统文化与外来文化的夹持中形成了新类型的建筑文化分区——桂西中部次生干栏文化区。

（3）在建筑文化分区的交界地带产生了很多文化交叉的现象，比如桂西北干栏区与桂中西部次生干栏区交界处的都安、宜州，夯土构筑的次生干栏与全木干栏同时存在，但是后者正在逐渐消失，可见文化传播之下，建筑文化也在变迁、融合。桂西南干栏区与桂东汉化地居区交界的扶绥，城市近郊的壮族民居采用的是汉化地居形式，而山区壮族民居仍然采用干栏的形制。

（4）对于桂东汉族地居区，虽然广府、湘赣、客家等汉族建筑的形制都有出现，但始终都有广府的一些特点存在其中，这也是因为汉文化中的广府文化对于广西来说影响区域最广、程度最深，尤其是桂西壮族聚居地区，传播的汉文化主要是广府文化。这应是广府汉族本身就有越人血统，与广西壮族具有同源性的原因。

第4章

广西壮族传统聚落
类型及特点

在汉族大量迁入广西的历史背景下，壮族传统聚落的生存空间受到挤压，广西东部地区的平原和滨海地区几乎都为汉族占据，而壮族大部分分布在桂中的河谷地区以及桂西、桂西南、桂西北的山地之中，自然条件较为恶劣。传统聚落作为一种宏观结构，它不像个体民居那样对族群文化呈现出较为敏感的适时反映（当然，相较于其他物质文化，建筑文化的反映速度仍然较为缓慢），其形态特点更多地受到自然条件的制约。此外，壮族先民不像汉族拥有完善的礼制文化，加之相对匮乏的物质条件，聚落的选址和布局更多表现出原始的居住智慧以及对自然环境的适应与妥协。由于传统聚落形成原因的复杂性，单纯基于地形地貌的分类或基于族群种类的分类都失之偏颇，从自然与人文因素角度多方位剖析传统聚落并将之分类，能更好地解释广西壮族传统聚落呈现出不同形态的原因。

4.1　壮族传统聚落的类型

壮族聚落和自然山水有着密切的依存关系，山提供了林木和梯田，水则是从事水稻耕作和生活中必不可少的资源。传统聚落对自然环境的依存度较高，根据不同的山形水势对壮族传统聚落进行分类，符合聚落生成发展的客观规律。

4.1.1　桂西北干栏区壮族传统聚落

这类村寨主要分布在桂北和桂西北的三江、龙胜、融安、融水，桂西的隆林、西林等地区（图4-1）。这些地方，多是海拔较高的土山地区，大山连绵，山势巍峨，山上林木葱郁，山下沟壑交织，平地较少。因此交通十分不便，人们出门便爬山，生产和生活较为艰苦。此类村落多分布为坡度为26°~35°的陡坡之上，建筑分布密集，村内主干道顺沿等高线发展，小巷道以片石或卵石砌筑，依着房屋之间的空隙自然形成，主要纵向人行道平行于等高线，曲折蜿蜒。村内民居空间利用合理，屋前屋后用地狭窄，皆临陡坎，陡坎高度一般在1.5~2m，都设有片石挡土墙以构筑不同高程的台地。有时，台地面积过小，高差显著，则前半部分做成吊脚楼，建筑后半部分直接落于台地，形成半干栏的特殊形式（图4-2）。

山区地形地貌多变，为各民族建村立寨提供了更多的选择余地，同时也增加了难度。广西大部分地区均位于北回归线以北，因此山南为阳而北为阴，在太阳升起时东为阳而西为阴，太阳落下时则相反。在长期的生产生活实践中，各民族逐步形成了较为明确的地理方位和日照方位的概念。一般来说，村落靠山一面多为阳坡，背负青

图4-1　高山壮族聚落

图4-2　半干栏

山，可提供生产生活的广大基地，而且挡风向阳，能减少高山上的寒气压迫。建筑的朝向，以坐北朝南居多，也有朝向东南或西南，较少坐南朝北。房屋修建在向阳且地势较高的坡地上，优点有三：首先，光照充分，村落每天的大部分时间都能沐浴在阳光下，既能满足人的生理需求，也能保持地面的干爽，同时便于晾晒谷物和防止雨水湿气对木质建筑的侵蚀；其次，地势较高便于雨水排泄，保证了村寨不易为洪水侵袭；最后，背山面水，前景开阔，给村民带来较好的心理感受。

　　高山聚落的取水多靠山顶的溪流，因此其背靠的山峰一般都林木丰盛，起到保存水源的作用，村民也有计划地种植杉树，成为可持续利用的建材基地。村中常年有溪水流经，不舍昼夜，村民利用溪水洗衣、舂米、淘米，同时一些经过处理的生活废水亦可经溪水排走。在村寨水源下游多设置梯田，一来最大程度地利用水资源，二来就近劳作，交通方便，同时形成壮阔的梯田景观，表现出人类的生活生产与自然最为完美的结合。

高山地区的聚落多位于山脊之上，呈向外凸出形态，建筑选择较为平缓的坡段建造。整个聚落顺着山脊自然递落，视野开阔，可以得到更多阳光，如龙胜龙脊村、金竹寨、平安寨（图4-3）。位于三江融江河谷地区的壮族村寨，临河谷耕种稻田以便就近取水，稻田周围是沿河带状发展的村落。虽然地势较平缓，但由于该地区壮文化强势，村落布局保留着高山壮寨的自由格局，顺应地形呈团簇状（图4-4）。

4.1.2　桂西及桂西南干栏区壮族传统聚落

这类型村寨主要分布在天峨、南丹、巴马、东兰、凤山、都安、马上；桂中的忻城；桂西的那坡、靖西、德保、凌云；桂西南的凭祥、龙州；桂南的上思等地的山区，这里的地形多为喀斯特地貌的石山，海拔中等，由于石山难以开挖住屋基础，此

（a）龙脊村

（b）金竹寨

（c）平安寨

图4-3　龙胜高山壮寨

图4-4　融江河谷壮寨

外山上水资源匮乏、林木稀少，因此这里的壮族人民一般选用山峰之间的盆地浅丘来安身立命，利用汇集雨水或者小型的溪河以解决水源的问题。这些位于大石山地区的村寨，由于山腰和山顶都绝少土壤，村民不得不将房屋建在山底以利用有限的土地资源和雨水，这样的村落规模都很小，通常才十几二十户。山底空间封闭而湿气较重，并非优秀的定居场所，好在石山坚固，没有滑坡之忧。

这一类型的壮族村寨在广西分布范围很广，但人口数量不多，皆因石山地区水源稀少，山中盆地取水困难，因此所能承载的人口数量有限。村落周围是绵延的丘陵，出行都要翻山越岭，交通极不方便。村落多坐落于山脚，背靠山坡，由于朝阳面空间有限，如果盆地面积较小，则顺应盆地形态成组团环抱状；如果盆地面积较大，则紧靠一侧山坡，尽可能地留出盆地中部空地以提供更多耕地（图4-5）。每户住宅后部靠山的上方多设置有圆形"水柜"以蓄积雨水，在干旱季节作为生活和灌溉之用。人工或天然的溪流河水从村中流过，沿着溪流河水两岸在盆地中心分布着狭长的田地。由于石山地区盆地数量众多且面积一般较小，所以往往是三里一村、四里一寨，村寨小而分散。

由于石山地区林木稀少，木材资源逐渐匮乏，很多的村寨已经没有足够的木材来建造木结构干栏建筑，因此这里的干栏建筑处于衰败而无以为继的状态。又由于耕地

（a）组团环抱壮盆地聚落

（b）中型盆地聚落

图4-5 盆地聚落

土壤稀少，夯土建筑也难以发展，因此很多村寨均采用石砌住宅或者更新为混凝土砌块的建筑形式。

4.1.3　桂中西部次生干栏区壮族传统聚落

桂中地区多处于红水河下游与右江流域范围内的河谷地带，由于人口众多，交通方便、信息发达、经济条件较好，大都更新为次生干栏民居或现代民居，总体布局整饬，建筑密集，风格多样。

在支流汇入主河道的交汇处或者河道曲折迂回处，地势一般比较平坦开阔。由于河水冲击和泥沙淤积等因素，往往形成一片平坦的平峒或较为开阔的平原河谷，这样的地貌，水土丰茂，适于耕种，空间开阔，人口容量大。如果村前无河流，人们就挖掘水塘蓄水，供牲畜饮用或便于居民浇灌。建筑依坡而建，由坡上向坡下乃至田峒中延伸，排列有序，朝向基本一致。与高山型不同，此类村落村中平地较多，因此耕地也较多且多肥沃湿润，水源也较为充足，所以村落的分布较为密集，一般距离1公里左右，每一村多在100户以上，大的村落可达200～1000户。[1]

在这样的地区，村民们选址时为了避免洪水侵袭，往往将房屋建在较高的二级台地上，村落的形态根据具体历史自然环境的不同营造成团状、带状或块状。平果的百良村也是在村寨和右江之间设置水田，村落建筑密集整饬。由于地处平地，又离县城较近，原始居民的木结构干栏式建筑已经为砖木建筑所取代，还保留着底层架空的传统做法，但村落巷道特征明显，整齐而具有秩序感（图4-6）。

图4-6　平果百良村

4.1.4　桂东地居区壮族传统聚落

汉文化传入较早的桂东北河谷地区的壮寨，由于汉文化处于强势地位，与当地壮族村寨与汉族村寨无异。聚落布局受宗法、儒教礼制和风水意向的强烈影响，有较明

---

[1] 覃彩銮等. 壮侗民族建筑文化. 南宁：广西民族出版社，2006：46.

显的总体规划痕迹，呈现规整的向心性组团空间形态。另外，风水意向也是汉族村落规划中需要考虑的重要因素，山为依托、依山面水、藏风纳气等风水理念成为左右聚落格局的关键因素。

　　位于桂东北阳朔地区的壮寨朗梓村选址于河谷地带，汉化特征十分明显，完全采用汉族广府民居的梳式布局（图4-7）。来宾武宣东乡客家聚居地区的壮族则选择客家堂横屋作为其民居形式，禾坪、月池等客家建筑元素一应俱全（图4-8）。

图4-7　阳朔朗梓村

图4-8　武宣东乡洛桥武魁堂

4.2　壮族传统聚落空间形态

壮族传统聚落大多没有明确的公共中心。村寨也有凉亭、庙宇等公共建筑，但居住建筑也不以其为中心布局，多顺应地形自由布局，呈现无中心的散点式状态。例如龙脊村由廖家寨、侯家寨、潘家寨三个寨组成，自上而下分布在龙脊山的山腰上（图4-9），虽然由地理位置和姻亲关系决定了四个寨子关系密切，但却无明确的聚落中心。村寨间被田垌、溪流、山路分割成自然形态，每一个村寨内部也呈团状或带状顺应地形散点分布。

图4-9　龙脊村

4.2.1　聚落空间形态

壮族传统聚落就其规模与外部空间形态而言，有散点随机型、线性分布型以及面状网络型三种主要类型（图4-10）。

4.2.1.1　散点随机型聚落

散点随机型聚落的特点是规模较小，民居建筑稀疏、分散、随机地分布，形不成完整的巷道系统，也无法构成具有整体性的建筑群体形态。聚落中的建筑朝向、相互关系都比较随机，缺乏讲究。这种类型的聚落多为由于人地矛盾而离群独居的少数家

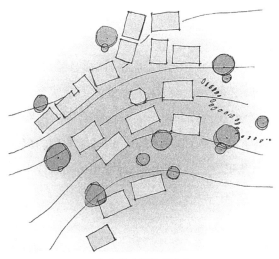

（a）散点随机型聚落

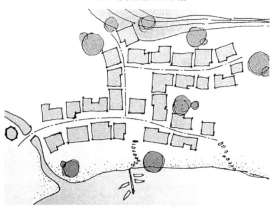

（b）线性分布型聚落

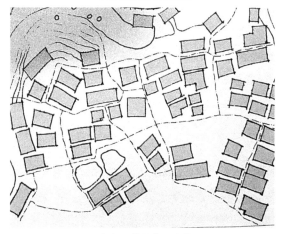

（c）面状网络型聚落

图4-10 聚落空间形态的三种类型

（来源：雷翔主编. 广西民居. 北京：中国建筑工业出版社，2009：143.）

庭或者是由于地缘、业缘关系迁徙而来。由于地形条件的限制以及彼此间社会关系不紧密、缺少共同的信仰与习俗，无法形成具有一定秩序感和共同特征的聚落形态。其共同特点就是居住在同一场地，并拥有共同的生产劳动场所。这是一种最为低级的聚落形态，主要分布在边远山区以及狭小的盆地地带。

4.2.1.2 线性分布型聚落

线性分布的聚落多以一条主要的巷道为联系，居住空间和公共活动场所都串接在这条巷道上。建筑沿巷道单侧或两侧发展，局部建筑布置稀松的地方形成公共空间。由于线性的巷道不可能延伸太长，逐渐发展出垂直与巷道的鱼骨状分支，以扩充聚落容量。这类型聚落主要包括沿交通街道发展的圩镇型聚落，以及沿山脚、河流边布局的聚落。壮族传统的线性聚落形态基于街道形态、山形、水形等基础条件而多呈较为自由的格局，例如龙胜金江河畔的壮族村寨多沿河靠山线性分布（图4-11）；部分地区，受汉文化影响下形成的街道圩镇较为整齐，体现出一定的礼制特征与风水意向，例如龙州金龙镇鲤鱼街（图4-12）、扶绥兴隆古街（图4-13）等传统聚落皆因靠近码头而发展成为街道型圩镇。

图4-11　金江河畔壮寨

图4-12　鲤鱼街

图4-13　兴隆古街

4.2.1.3　面状网络型聚落

当聚落规模进一步扩大，线性分布的聚落进一步发展而成为道路纵横交错的面状网络型聚落。山区的壮族网络型聚落多较为自由，多呈树枝状的网络格局（图4-14），而平原地区的壮族汉化聚落则多为规则整齐的网络交织形态。

4.2.2　聚落空间要素

凯文·林奇（Kevin Lynch）认为：人并不是直接对物质环境做出反应，而是根

（a）龙胜小寨村树枝状网络　　　　　　　（b）龙胜龙脊村树枝状网络

图4-14　山区聚落树枝状网络格局

（来源：广西大学建081测绘）

据他对空间环境产生的意象而采取行动的。借用凯文·林奇城市意象五要素来分析传统聚落空间有助于发现聚落空间的本质。这五个要素是：路径、边界、区域、节点、标志物。

4.2.2.1　路径

"它是一种渠道，观察者习惯地、偶然地或潜在地沿着它移动……其他环境构成要素沿着它布置并与它联系。"❶壮族传统聚落中的路径是指聚落中人们的生产、活动和路线。山区的大型壮族聚落，其村中路径多盘曲环绕，观察者在曲折前行中领略到村寨的组织结构通常是以一条主要的路径为联系，辅以众多树枝状分支的小路，体现出一种总分的结构态势；平原地区的壮族聚落，道路多规整平直，体现出一种匀质的网络状结构。路径既是观察者、使用者的行动路线，也是聚落空间展开的秩序（图4-15）。

4.2.2.2　边界

边界是两个不同空间之间的边界，它是一种界定领域的特殊界面。它可能是有形的，也可能是无形的。它是一种物理界限，同时也是一种心理界限。心理边界通常只对同一文化系统内部的人群产生作用。对于壮族传统聚落，村口、沟渠、山麓、风水林等具有领域界定作用的事物都是其边界。对于不同的村寨，边界的内容可能不同。对于壮族村寨，通常来说，村口是村庄与外部世界的边界；沟渠是村寨与劳动场所

图4-15　村中道路

---

❶　覃彩銮等. 壮侗民族建筑文化. 南宁：广西民族出版社，2006：46.

的边界；风水林是村寨后部的边界。在
解放前，传统壮族村寨的周围通常都有
石砌围墙，边界性质明显，现大多已拆
毁，但对于村民来说心理上的边界仍然
存在。

4.2.2.3　区域

区域即传统聚落中的面状领域，它
在观察者心目中产生进入内部的感受。
进入领域必然要通过某种边界，当然这
种边界可能是无形的，或者是界定模糊
的。传统壮族村寨中不同姓氏家族的住
屋通常分片布置，对于外人通常难以区
分其各自领域，但村民心中却非常清楚
各个家族的"势力范围"。例如龙胜龙脊
村由三个不同姓氏的寨子共同组成，各
姓氏所在区域依据山形自上而下排布，
各自成一区域（图4-16）。

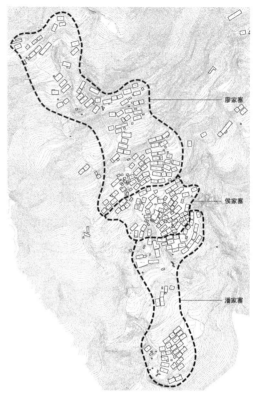

图4-16　龙脊村各姓氏区域分布

（来源：广西大学土木学院建081测绘）

4.2.2.4　节点

壮族传统聚落中的节点是聚落人群往来行程中集中的焦点，是连接点，是交通路
线中的休息站，是道路的交叉点或者汇集点。这些节点有村口的广场、村中的空地、
建筑相对稀松之处、村中商店旁空地等，它们多处于村民日常生活的必经之所，成为
人们交往、信息交流、物质交换的场所（图4-17）。

4.2.2.5　标志物

标志是"另一种类参考点。观察者不进入其内部，只是在它的外部。通常是明确
限定的具体目标：建筑物、招牌、店铺、山丘，其功能在于它是一大批可能目标中的
突出因素"❶。壮族传统聚落中的典型标志物有：寨门、风雨桥、大树、凉亭、石碑、
土地庙、水塘（图4-18）等。这些标志物因其独特而为人们熟记，除了本身的意义
之外，通常还是人们判断领域、边界的依据。

❶ ［美］凯文·林奇. 城市意象. 项秉仁, 译. 北京：中国建筑工业出版社, 1990：41.

图4-17　聚落节点

图4-18　聚落标志物

4.3 壮族传统聚落空间意向

4.3.1 传统聚落生态意向

从生态学观点看，生态适应是生态系统通过自身调节，主动适应环境的动态过程。聚落生态环境在其生成发展过程中，必须依靠其适应性与生态环境和谐共生。聚落发展的适应性是一个动态过程，当外界系统环境变化时，为取得新的平衡，聚落系统根据内在要求与之适应达到新的平衡，同时原有聚落系统也得到更新发展。发展后新的聚落生态系统对外界环境系统施以反作用，同样，也影响外界环境的变化，当这种变化力在外界环境系统承受的范围之内，外界环境系统经调整能达到平衡。反之，如果聚落环境依赖的环境系统被破坏，聚落发展也就难以维持自身对环境的适应。只要环境变化程度在该系统适应能力的极限范围内，系统总能保持一种动态平衡，从而协调发展。传统壮族聚落经过千百年来的发展，已经达成了与环境的平衡，具有高度的生态适应性。

西方哲学的自然观，一直把自然作为个人之外的对象，自然被当作与人的主观意志相对立的世界，人与自然不是一个整体；在中国文化中，自然是一个充溢着生命、充溢着发育创造的境域，人与自然是一个和谐融贯的整体，"人法地，地法天，天法道，道法自然"是中国传统自然观的经典表述。汉族将这种自然观、宇宙观现实化和可操作化，发展出道教文化。而壮族的自然观处于相对朴实和原始的阶段，崇尚"万物有灵"的自然崇拜，与稻作农耕的生产生活方式有关的自然因素都会成为崇拜的对象，如土地崇拜、水神崇拜、山神崇拜以及动植物崇拜等。对自然的敬畏促使壮民族强烈的归顺自然、顺应自然、适度师法自然的生态观和哲学观的形成，反映在生产生活中则是以自然崇拜、图腾崇释为内涵，以禁忌及习惯法规为约束机制，以此来规范土地的开垦、水源的利用、树林的砍伐、石山的开采等方面的行为，以达到人与自然这一生态系统的平衡与和谐。

4.3.1.1 自然与聚落形态

传统壮族聚落，对地形地貌的适应性可谓做到了极致。由于原始住民改造地形的能力有限，在长期的历史过程中发展了最低程度改造地形、最高程度顺应地形的聚落空间形态以及建筑单体形态。在聚落形态上，壮族聚落多背山面阳，沿等高线布置，由于自然等高线的蜿蜒曲折，建筑的朝向也不尽相同，而是顺应等高线的走势，平行排列，因此几乎每几栋住宅就有夹角，但它们却和地形取得了高度的和谐（图4-19）。当然，在平原上的壮族聚落则因势利导，采取平行布置的方式，最大程

图4-19　山地聚落与自然的和谐关系

度地利用最佳朝向，呈现出相对整齐的形态。

　　地形地貌条件也决定了聚落的空间尺度，主要表现在以下几个方面：

　　一、聚落基地的大小，水源、林木、耕地的富足程度，决定了基于传统农耕经济的聚落环境容量，最终决定了一个聚落的规模极限。因此，在平原河谷地带的壮族传统聚落一般人口较多，规模较大，连接成片；而山区的传统聚落，一般规模较小，多以单个村落散居的形式存在。位于桂西德靖台地的达文屯，一共62户人，位于一个石山窝之中，取水只能靠存储天上降雨，因为石山区无法耕种水稻，只能在石缝中撒种玉米。其环境容量已经饱和，因此聚落规模无法扩大，很多年轻人结婚后只能迁出。桂北龙脊地区的平安寨（图4-20）虽然位于高山之上，但当地水源丰富，林木繁盛，在此基础上，壮族人民开发了大量梯田，提高了环境的承载力。村里人口原有800多人，近年发展旅游产业，经济水平不断提高，其人口也在不断扩充，聚落建筑正在往高处及两侧发展。聚落地形的平缓或陡峭以及临近水源的走势决定聚落的空间形态是团片状、线性或散点状。开阔平缓基地上的村落由于受到地形条件限制较少，其分布更多地趋向于成行成排，在各个方向上都匀质发散，成团成片；在高山地区的聚落沿等高线发展，并且优先在等高线不太密集的高程范围内发展，有明显的水平走势；沿河发展的聚落线性特征更加明显；丘陵地区的聚落会优先选择山头之间的平坦谷底发展，形成成团、成簇的散点式格局。

　　二、聚落的地形条件决定聚落巷道空间的尺度与形态。平原地区的聚落巷道较为

图4-20 平安寨

宽阔，形态也较为规整。坡度较缓基地上的聚落，建筑前后排间距在6～8m左右，巷道相对宽阔，形成较为规则的道路网格；坡度较陡基地上的聚落，巷道狭窄，一般在2～4m，由于前后排之间高差较大，加之建筑底层多架空，因此也不存在日照遮挡的问题。陡坡山地上的聚落巷道多与等高线走势相仿，因此曲折蜿蜒，形成不规则的道路网格（图4-21）。

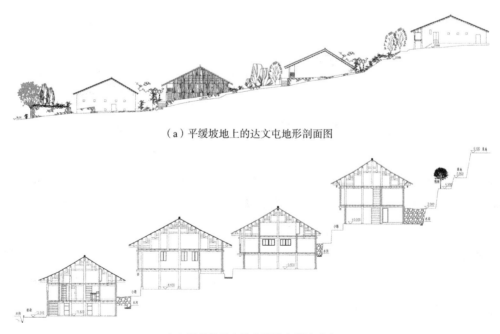

（a）平缓坡地上的达文屯地形剖面图

（b）陡峭坡地上的龙脊村地形剖面图

图4-21 聚落与地形

三、聚落的基地的大小决定聚落公共空间的规模和形态。在平原地区的聚落里，通常在村口、河边、大树下有一定的公共活动场地，规模一般较大；山区聚落却很少有这样的公共活动场地，多是利用村寨边缘的凉亭等小型公共建筑来进行公共活动。

在民居单体上，完全取材于自然的干栏式建筑是聚落构成的主体。干栏式建筑就地取材，耗费少，适应于壮族农耕经济的特点；承重和围护结构都由木材构成，自重轻，无须对地形做大的改造，客观上则有利于对山体的保护，避免滑坡等自然灾害；底层架空适应于岭南炎热潮湿的自然气候，又可用于围养牲畜，根据地形的不同还衍生出吊脚楼（半干栏）等建筑形态。此外，壮族民居多设置开敞的外廊、露天的晒排等，不仅适应地方气候，也是少数民族热爱户外生活的个性体现。坡屋顶和深远的屋檐在防雨、排水以及通风隔热上效果显著。

图4-22 屋顶与自然地形的协调关系

壮族聚落在整体空间形态依山就势，参差起伏，呈现出一种完全融入自然的形态，主要表现在以下几个方面：

一、由于建筑单体体量较小，对山形山势没有绝对的影响力，群体效果非常协调统一；村落中心建筑密集，周边建筑渐趋稀疏，形成一种逐渐退晕的视觉效果，最后完全融入自然之中。

二、坡屋顶的屋面形式本身就和山形有某种相似之处，加之建筑高矮有序，层数一般相当，因此，建筑的高度次序也是顺应地形高低，整个聚落的形态表现为对自然地形的模拟（图4-22）。

三、建筑色彩单纯自然，青灰色的瓦顶配合木色的建筑立面，本身就是取自自然之中，必然与自然色彩相匹配（图4-23）。

图4-23 色彩

4.3.1.2　生产与聚落格局

壮族的聚落，大部分分布于丘陵和高山地区，这些区域平地较少，因此可供耕种的土地比平原地区要少，这就要求聚落分布的密度、规模要与土地资源相适应，才能使村落居民既有足够的生产生活空间，也能在人口适度增长的时候留出充分的发展余地，维持聚落生态的平衡。平地资源的稀缺促使梯田这一独具山地特点农耕模式的出现。在坡地上沿等高线开垦出来的梯田，可以拦滞径流、稳定土壤，具有保水、保土、保肥作用。广西大石山区的梯田，珍贵的土壤被保护在石块垒砌的田埂里，形成独具地域特点的石制梯田景观。当然，梯田并非壮族所仅有，但壮族多居山区，且农耕稻作文化源远流长，干栏与梯田交互映衬的景象已成为壮民族聚落的文化符号（图4-24）。

每一个聚落就是一个生态系统，当系统内部各个构成要素——人口、牲畜、田地、树林、水源等发挥各自功能并相互影响、适应，且物质和能量的输入输出达到动态平衡时，就形成和谐平衡的聚落生态系统。但每一生态系统都有其承载能力的极限，它取决于生态系统赖以运行的资源类型和数量、人们的物资需求和服务需求、资源利用的分配方式、资源消耗产生废物的同化能力等因素。资源数量对生态系统的承

图 4-24　梯田

（来源：熊伟摄）

载力影响固然重要，但系统承受冲击的能力很大程度上依赖管理者对于环境维护的目标和水平。归顺自然、师法自然的壮族积累了丰富的生产生活经验，并通过村规民约实现对生态系统的管理。

水资源是农耕稻作必备的生产生活物资。壮族多位于山区，用水来源除了降雨产生地表径流外，山岭中的原始森林是另一个重要水源。如龙脊地区，山区内众多的森林和次生林用根系将大量的水储存在土壤之中，构成了巨大的天然绿色水库。即便在枯水季节，森林释放蓄水，也能使山涧溪流四季流水。众多的水源林使得龙脊地区常年流水山涧溪流达33条，提供了大部分梯田、旱地灌溉用水和全部人畜用水。村民们早已意识到水源林的重要性，对于聚落背后及两侧的山岭植被禁止砍伐，并且以村规民约的形式加以约束。对于山中柴薪的砍伐也并非砍光割尽，而是采用轮伐的方法，舍近取远以让自然植被得以恢复。同时为弥补因开辟聚落基地所造成对植被的破坏、保持水土和可持续的自然资源，人工林被大量种植。如家庭中增加一男丁，父母就会在山中为其栽种林木，待此男孩长大成家单独立户，少时种下的小树也长大成材，正好伐取作为分家立户的建筑材料。

壮族住民基于生产生活的需要，对于土地进行合理的分区利用，形成了桂北山区壮寨独特的聚落格局："背靠山头密林，面朝坡下梯田，中建干栏民居"。后山的密林不仅能保水，还起到防止水土流失的功效，这对于龙脊地区岩石风化严重的地质状况大有改善；坡下的梯田不仅方便生产劳作，而且地形较缓，能最大限度地提供耕地；位于中部的村落，利用了干栏形式适应坡地的特点，解决了较陡坡地上的居住问题，同时既能方便伐木，亦可就近耕作，在水源的使用顺序上保证了卫生和节约。

随着村寨人口不断增多，现有资源不能满足使用需要，原有生态平衡即将打破时，则会有一部分居民迁出另觅它址开村立寨，以确保每一聚落的土地资源都处在合理的使用范围之内。如龙胜龙脊十三寨，据其族谱记载："明朝嘉靖年间三兄弟从庆远府迁出，经兴安县辗转至龙脊……于是在这里落脚……后来人口不断繁衍……有一部分人迁出，在附近的山坡上另立新寨……久之，又有一部分人迁出，最后形成了十三寨。"❶

这样，聚落生态系统内部得益于朴实原始的自然生态观念的调节，得以达到系统稳定而平衡的状态，组成聚落的各个要素——人、建筑、山、水、田、林等完美融合，呈现"天地与我并生，万物与我为一"的聚落生态意向。

---

❶ 覃彩銮等. 壮侗民族建筑文化. 南宁：广西民族出版社，2006：218.

4.3.2　聚落文化意向

聚落空间除了要与生态环境相适应之外，历史、民族习俗、风水观念、宗族、信仰等社会文化因素也制约着聚落空间形态。在广西民间素有"汉族住街头，壮族住水头，侗族住山脚，苗族住山腰，瑶族住山顶"的说法。历史上，汉族自北方迁徙而来，最为强势，经济上也最发达，他们控制了大部分的城镇地区，而壮族是岭南大地最古老的民族，人数众多，其农耕文化对于水的执着渴求使得他们控制着大部分的河谷平原等水源丰富的地区，而侗族相对封闭，分布区域也较小，但毕竟也是原生民族之一，所以占据了山脚的地带，苗、瑶族是迁徙而来的少数民族，只能迁居深山地区。处在平原河谷地区的壮族族群汉化程度颇高，因此，最为传统的壮族聚落只能在交通不发达的边远山区才得以保存。社会文化中对壮族的传统聚落空间影响较大的，一是壮族的风水观念，二是壮族的宗族观念。

4.3.2.1　风水与聚落选址

风水术是古代汉族的规划理念。由于壮族受汉文化传播的影响深远，北方汉族地区的道教、佛教等传入广西之后，结合当地的原始巫教，形成了广西壮族自己的风水观念，它对于村寨的选址、布局、环境以及单体的营建都有严格的要求。

壮族民间的风水术师以风水"形式宗"中的"觅龙、察砂、观水、点穴、取向"等"地理五决"来确定聚落选址（图4-25）。

觅龙，即在蜿蜒起伏的群山中寻找最佳的地理位置。蜿蜒起伏的山脉可称为"龙脉"，山脉遇溪流、平坝而止之处可称为"龙头"，"龙头"面朝环绕的溪河和开阔的平坝，背靠起伏跌宕、来势凶猛的"龙脉"，村寨建在这样的"龙头"处被称为"坐龙嘴"，是村寨选址的最佳位置。对于山本身来说，山之东、南面为阳，山之西、北面为阴；对于山与村落的关系来说，山为阴，宅为阳，并以房屋的阴（背）面面向山的阳面，可以屏挡北来的寒流，使村落获得充足的阳

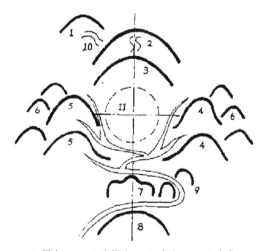

1. 祖山	2. 少祖山	3. 主山	4. 青龙
5. 白虎	6. 护山	7. 案山	8. 朝山
9. 水口山	10. 龙脉	11. 龙穴	

图4-25　风水中最佳聚落选址的意象

（来源：改绘自李百浩，万艳华. 中国村镇建筑文化. 武汉：湖北教育出版社，2008.）

光，此所谓"负阴抱阳"。壮族的大部分村寨都选择这种"背山面阳"的位置作为居所。龙胜的龙脊村是典型的根据风水选址的壮族村落，据廖家寨族谱记载：其祖先于明代自南丹庆远府辗转迁徙而来，行至此地，看到山顶上有一条山脊，像是一条长龙俯身到河边饮水，结合用地情况，选址在长龙的脊背上建寨定居，认为这是一块风水宝地。

察砂（砂即是主峰四周的小山），就是特别重视左右护砂及上砂（即来风方向）的山形要高、大、长，这样方能收气挡风，下砂则要相对矮小，即所谓"青龙要高大，白虎不抬头"。这种三面环山、前方仍有小山与远山的地形，有利于满足村寨避风、通风和回风方面的要求。❶例如西林那劳寨的选址就符合这种风水地形（图4-26）。

观水，就是观察水口。水口是"一方众水之总出处也"；而水口又包括入水口和出水口，前者要开敞，后者要封闭，所谓"天门口，财用滚滚来；地门闭，财用永不

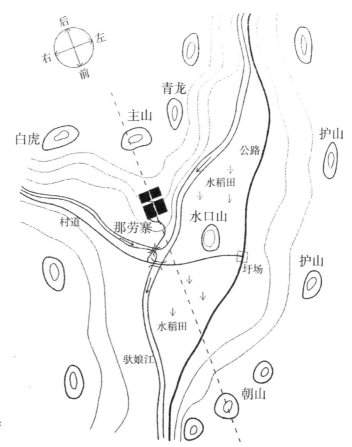

图4-26 那劳寨选址

（来源：雷翔. 广西民居. 北京. 中国建筑工业出版社，2009：143.）

---

❶ 李百浩，万艳华. 中国村镇建筑文化. 武汉：湖北教育出版社，2008：26.

竭"。从水与村落的位置关系上来说，风水将其归纳为"抱边"或"反边"的情况，就是"水抱边可寻地，水反边不可下"❶，即基地要设在流水环抱的一边，称为"玉带水"。因为随水流的冲刷淤积作用，环抱的一边逐渐淤积而增地；而环水对面的"反边"则被逐渐冲刷而减地，这预示着将来有被水冲毁的隐患。对水势的要求是"来要生旺，去要休囚"，即来水要茂盛而去水要缓慢，便于"留财"。在广西的河谷地带，许多传统村落都选择在河流的隈曲处（即弯曲内侧）（图4-27）。据地质学考证，河流隈曲处地质结构较为坚实，足以阻挡流水的冲刷，使之转向而去，故宜于建造永久性的村落，使村落三面环水，不仅方便生活用水及交通运输，其水还具有滋润植被、改善村落气候环境的作用。

　　点穴，即最后确定村落建筑基址的地点范围。"阳基喜地势宽平，局面阔大，前不破碎，坐得方正，枕山襟水，或左山右水。"❷实际上是要求基地环境有充分的活动空间，使人在心理上有一种开阔、轻松之感。龙胜龙脊地区的许多村寨多分布在半山腰或山坡地的中心位置，就源于此。阴宅的选址与阳宅迥异，"夫阳舒阴敛，自然之

图4-27　河流隈曲处的聚落

❶（清）熊超番. 堪舆泄秘. 卷三.
❷（清）林牧. 阳宅会心集. 清嘉庆十六年藏本. 卷上"阳宅总论".

道也。故曰：阳来一片，阴来一线，阴非一线不敛，阳非一片不舒，是以阳基入首与阴穴殊形：阴穴专多取格局紧拱，入首处专以细巧为合法"❶，因此，壮族墓葬多远离村落而坐落在偏狭隐秘的场所。

　　取向，是指在阳基位置选定之后，兴工动土时用罗盘测定房屋建筑的具体位置与朝向。罗盘是民间风水师的必备之物，它具有"包罗万象，经天纬地"之功用。在布置住宅下基础之前，要先根据住宅的坐向推演其宅的属性，即属于八卦中的何卦，如坐南朝北者称为"子山午向"。壮族村寨中无论建房还是立坟，莫不请风水地理先生来勘察并且用罗盘测定。

　　纵观壮寨及住宅的选址，理想的村落应该是依山、环水、面屏。并非每一村寨所处的山形水势都十分完美，而面对有所欠缺的地形，村民们会依照风水理论予以适当的人工改造。植林、挖塘、修桥等是较为典型的处理方式。位于平坝上的村落，村后没有山为依托，无法形成"负阴抱阳"之势，甚或村后为空旷的山谷，如昭平县西坪村陶沙屯，村后山谷旷阔幽深，村民在村后密植风水林，形成屏障，遮挡北风，以弥补"后龙"之空缺；风水林常与水源相邻，壮族人民认为它是树神或山神的栖息之地，不得擅自闯入或砍伐，否则会冒犯神灵，招来灾祸。在风水林最高大古老的树下通常是壮族祭拜神灵的场所，在这里完成了壮民族的原始拜物与崇尚风水观念的统一，祭拜的神灵多为本地的地方神（比如莫一大王）以及土地神等。壮族借助神灵的威慑力以强化人们保护山林的意识，客观上有利于水源林乃至整个生态环境的保护，使青山翠绿，溪水长流，人民安居乐业。

　　水为财，村落中不可无水，水源丰沛但流势太急也不可，挖塘是解决水源水势的一种办法，将河流来水汇于塘中，可以缓解村前河流来水湍急，也可以清解村落前方或左右高山的逼压。对于池塘的形状，壮民认为不可以是方形，不能上大下小如漏斗状，也不能小塘连串如锁链状，而且池塘要距离住宅有一定的心理距离，否则不吉。壮族村落大多与水相依，风雨桥是村民出行、丰富景观和完成村落空间序列的必须，同时在村前河流、溪涧处架设风雨桥也能"锁住水口"，将"财"留在村内（图4-28）。林木、池塘、风雨桥，这些聚落中的人工产物既能满足村民的心理需求，同样弥补了自然景观的不足，保持了村落与自然的平衡与和谐，这才应该是风水观念在村落布局中起到的真正作用。

　　有时候，风水观念也体现在聚落的形态对于某些吉利物象的模仿上，这在风水

---

❶（明）缪希雍. 葬经翼·难解二十四问.

图4-28 风雨桥

上称之为"喝形",它是对山川河流的形象进行类比,然后依状喝形,再依形进行风水操作。比如龙州县上金乡鲤鱼街由两边的民居以弧形围合而成,街道平面中间大,似鱼肚,两头小,类似鱼嘴鱼尾,故得名鲤鱼街。鱼嘴正对左江码头,意寓财源滚滚而来,鱼肚大可容财,鱼尾收紧的意思是财富进得来而出不去(图4-29)。

4.3.2.2 宗法与聚落组织

初期的人类聚居组织基本都是以血缘关系为纽带,组成聚落的基本单位是家庭。与汉族聚落那种以封建礼制规范起来的大家族聚居不同,百越诸族的家庭单位一般都很小,通常在两代以内,大多数家庭在儿子结婚后即分家立户,邝露在《赤雅》中亦云:"子长娶妇,别栏而居。"据20世纪50年代对广西环江县壮族的调查,

图4-29 龙州鲤鱼街

其家庭成员大多数是父母子女两代同堂。在才院村的102户中，有87户是两代或一代同居，全村平均每户不到5人。❶实行小家庭制的原因，固然有其家族观念没有汉族那么强烈的因素，生产方式和经济条件也限制了大家族的合居。在生产方式上，山地中的田地不像平原地区那么集中，而耕作又必须限定在早出晚归的活动半径之内，所以过于集中的居住方式会限制种植，只好采用分家移民另建居民点的方式来解决这一矛盾。在经济条件方面，由于生产力不够发达，每个家庭人口的数量只能控制在各家能供养的限度内。小家庭的模式导致单体建筑的规模普遍不大，一般均为3～5开间，满足5人以下居住，呈外向开放性格局。三至五代以内的家庭，血缘关系密切，被称为房族，三代以外的称为门族或宗族，房、门、宗族总称为家族。最基本的聚落就是由一个同姓的宗族或家族形成，较大的聚落则由数个家族组合而成。

壮人的家叫栏，它有家、房、姓三个含义。这些干栏簇聚一处，少有分散。村落的若是同一祖宗之后，纯一姓氏的大村落，其内部结构颇有讲究。它包括若干家支，若干家支构成较大的家族，若干家族构成宗族。小的村落一般是一个或两三个家族，大的往往是一个宗族。其干栏住宅的排列，受血缘关系远近的影响极深。一般几个亲兄弟分家后，其住宅总是挨在一起，并往往排列成并联或串联式小干栏群。再扩大一些，一个家族住宅基本连成一小区，以便彼此关照。一旦有事可互相呼应，在心理上大家有一种安全感。对外也显示出家庭集团的威力，外人不敢小视。聚居的宗族一体感之意识比较强烈，如家族内有人有功名，则以为全家族的荣耀，成为该家族对外交往的筹码。多姓村一般是两姓到三姓，而且不是单家独户，而是几个不同姓的家族。其居住分布各自成一小区，有大家约定俗成的分界线。同姓家族住宅按一定的规则排列在一起，以便彼此关照。❷

相邻的寨子，不但地界毗连，而且有家族的联系和婚姻的关系，结合自然紧密，于是以寨结合为村。这样就由血缘型的宗族结合形成地缘性的寨或村。如龙胜的龙脊村古壮寨，包括廖、侯、潘三姓四个寨，有"三鱼共首"石砖为村落标志，代表了三个姓氏的居民互信共存，齐心合力（图4-30）。

壮族社会中有种头人（寨佬）制度的社会组织形式，头人在当地也被称为"寨老"或"族长"，壮语称为"布求"，意思是说有事要请他来解决。龙脊十三寨，既是龙脊壮族居地名称，也是过去龙脊的寨老组织的简明称谓。龙脊壮族的寨老制，

❶ 广西壮族自治区编辑组. 广西壮族社会历史调查. 第一册. 南宁：广西民族出版社，1984：249.
❷ 周杰. 原生态视野下的广西黑衣壮传统民居研究. 上海交通大学硕士学位论文，2009：27.

图4-30　"三鱼共首"石砖

分村寨、联村寨和十三寨三级组织。村寨寨老组织，是寨老制低层机构，它以寨更以氏族为单位。比马海寨居韦、蒙二姓，便有两个寨老组织。寨老由村寨群众民主推举产生，一般由一至三人组成，分工负责村寨社会秩序、主持祭祀，履行族长职责。如只有寨老一人，则统揽寨老、社老、族长三权，寨老称为头人或寨老头人，群众称之为某公某老。寨老是以血缘为纽带的，同姓居一寨者有一寨老组织，数寨同姓者，则又联合组成一个统一的寨老组织，如龙脊廖姓人，分别居住廖家、平安、金竹、岩湾四个村寨，每个村寨都建立一个寨老低层组织，在这基础上四寨又共同建立一个联村寨的中层寨老组织，这种联村寨的寨老组织，习惯称为"某氏清明会"。联村寨寨老组织，由同一姓群众民主推举产生，由三至五人组成，主持祭祀和监督族规的执行，无行政职权。龙脊十三寨的寨老组织，是龙脊壮族地社会组织的高层结构，由村寨、联村寨的寨老联席会议，从寨老中协商推选三至五人，组成十三寨老组织。寨老不按姓氏比例产生，只要具备为人正派、办事公正、热心公益事业、联系群众、勇敢顽强且能讲汉话等条件的，都有机会当选。

十三寨老组织，对内负责维持龙脊地区的社会秩序，执行地区性的乡规民约，调解联村寨纠纷，对外负责交涉和组织武装力量抗击外侵等。龙脊的各级寨老组织，都按其生产范围，履行职责。平时村寨寨老办案、独立行使职权。寨老处理的案件如当事者认为不公平，可以申请由联村寨或十三寨寨老处理。届时，大寨老必须邀请有关村寨的寨老参加，共同办理。十三寨寨老直接处理案件，要邀请有关村寨或联村寨的寨老共同进行。各级寨老组织虽然独立行使职能，但又互相参与问政各级寨老组织，除处理日常排解纠纷等事外，凡涉及乡村民约和族规条令以及涉外重大事件等，都要按照规章办事，有的重案还要民主公开，集中群众共同商讨，不独断孤行。龙脊地区性的重大事件经村寨寨老或联村寨寨老提出，而大寨老共同认为必须交十三寨寨老组织处理的，才组织召集十三寨群众大会，按地区制定的"碑刻条例"和办事常规，民主商议，共同结案。大寨老只管地区性的事，据记载，从乾隆七年（1724年）至1949年，龙脊十三寨的"大寨老组织"总计组织十二次大会，通过如立碑、判刑、筹集粮草、组织义军等重大决议。龙脊村的寨老制是在特定的历史环境中逐步发展起来，寨

老不是通过正式选举产生的，而是依靠其在群众中的威望自然而然产生的。寨老不能
对他人行使强制性权力，工作的方式主要是劝服，村、寨舆论和乡规民约。乡约与习
惯法，是长期以来维护地方团结与稳定的民间法。根据文字上的记载，在距今至少
130年左右，亦即在清代道光（1821年）以前，龙脊地方已经有了较原始的基本具有
法律形式和内容的"乡约"，这是在历史上相当长的时期里，村民赖以维持彼此间关
系的准则。每个村寨的寨老实际上是同姓氏家族的族长，依据的是血缘关系，而联村
寨寨老以及十三寨寨老组织，则是一种地缘性的社会组织，覆盖了更大范围内的族
群。各级寨老办事无固定场所，一般在家里或当事人家里进行；十三寨寨老处理大
事，规定在龙脊廖家寨旁场地（进村口的一块空地）或龙脊大庙进行（过去各个时期
制定和修订成文的乡村民约禁令碑，都分立龙脊大庙两侧）。

　　龙脊壮族的寨老制是建立在"伙耕共食"的经济基础上的，随着社会日益发展，
封建王朝和国民党统治势力不断深入龙脊地区，寨老组织受到冲击，职能作用受到限
制。乾隆、嘉庆年间，龙脊地区开始建立封建性的团甲组织。民初，甲团组织变为团
局制度，龙脊设立团支局，隶属兴安县西外区团务分局。解放后，龙脊壮族原有的寨
老制已不复存在，代之以政府的各级行政管理体制。❶

　　虽然壮族社会重视宗族观念，但是传统壮族聚落中却并不常见到祠堂，因为祠堂
文化起源于汉族，只有在受汉化影响较重的平原地区的壮寨中才可见到祠堂建筑，而
大部分山区壮族依然保持着原始祭祖的方式。壮族人民认为祖先的灵魂有三个，一个
投胎转世，另外两个分别寄居于神台、坟地两处，所以，祭拜祖先主要在这两处举
行。家祭是针对寄居于神台的历代祖先的祭祀仪式。墓祭是针对寄居于坟地的某位祖
先神灵的祭祀仪式。从时间上看。可分为两种情况：一是扫墓祭祀。壮族人民大多于
每年的农历三月三举行扫墓活动，俗称"拜参"，意思是到祖先神灵寄居的坟地参拜
祭祀。二是迁坟祭祀。壮族有二次葬之习俗，即在先辈死后的3或5年，将其坟墓挖
开，捡骨入罐，找"风水"好的地方重新安葬，以求祖先神灵有个好居所，佑护家人
兴旺发达。而在挖旧坟和修新坟时，要举行隆重的祭祀活动，以"通报、安抚"祖先
神灵。因此，传统壮族聚落中的宗族祭祀活动更多的是以非物质的族群共同活动来承
载，而不以祠堂的物质形态出现。

　　另一方面，与同源的侗族不同，广西壮族的村寨绝少鼓楼和戏台这样明确的聚落
活动中心，这种现象并非代表壮族自古就没有类似侗族的严密社会组织，而是由于长

---

❶ 黄珏. 龙脊壮族社会文化调查. 广西民族研究. 1990,（3）.

期以来，壮族处于汉族社会统治的中心地带，其原有的社会组织形态很早就被统治者刻意地分化，过早地解体了，只有在少数壮文化发达区域得以部分保留。至今，在云南文山州一些壮族村寨中心，尚存一间"老人厅"。老人厅是专供村中老人商量全村生产、宗教祭祀，调解邻里、婚姻纠纷等事务的神圣厅堂。村与村之间出现的大小纠纷，也由老人们在老人厅里调解。凡有事情要议，召集的伙头一敲锣，村中的老人们就到老人厅相聚。老人厅严禁牛马猪狗入内。有的村寨连妇女儿童也不准进入老人厅。老人厅的存在说明壮族聚落中也曾经有类似侗族鼓楼性质的公共建筑存在（图4-31）。

较为富裕的壮族村寨修建有凉亭、庙宇等公共建筑，但居住建筑也不以其为中心布局，而是纯粹顺应地形沿等高线发展，呈现无中心的散点式状态，如百色那坡达文屯（图4-32）。龙脊村四个寨组成，虽然由地理位置和婚姻关系决定了各寨关系密切，但却无明确的聚落中心，村寨间被田垌、溪流、山路分割成自然形态，每一个村

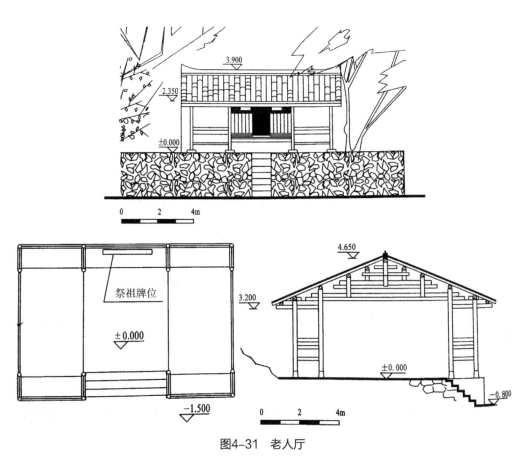

图4-31 老人厅

（来源：覃彩銮等. 壮侗民族建筑文化. 南宁：广西民族出版社，2006：154.）

图4-32　达文屯总平面

（来源：广西大学土木学院建071测绘）

寨内部也呈团状或带状顺应地形散点分布。

　　对于居住类建筑，在聚落空间组织上，因壮寨汉化程度的不同而异。在汉化影响较少的传统壮族聚落，其宗族观念对于聚落空间组织是以相近血缘——家庭、家族为小单元相邻分布来体现的。一般在同排相互紧靠的住宅单元是直系亲属，不同排或隔有横向通道的单元是另一家族，同宗家庭之间相互靠近。一般最先定居的家族最靠近村寨中心、最近水源，后来者则稍远，依次扩散。但是总的来说，总平面分布和组织形态上体现出壮民族自由、不拘礼法的特点；在汉化影响较多的壮族聚落中，宗族礼制观念较强，多形成布局规则、形态方正的整饬格局，祠堂成为村寨的中心，各民宅有明显的层级关系。

以血缘宗族为纽带构成基本单元，以地缘关系为网络连接，壮族的大小聚落就是这样被编织起来，散布在山岭河网之间。

4.4 壮族传统聚落公共建筑

以宗族关系组合起来的聚落，都拥有以族为单位或以村寨为单位的公共财产，如树林、田地、鱼塘、桥梁、凉亭、粮仓、土地庙、寨门等。在接受汉文化较多的壮族聚落，还设有宗族的祠堂，其聚落结构与汉族无异。这些聚落的公共财产，除了满足生产生活必需、维系宗族关系之外，还成为聚落的精神象征和特色鲜明的民族符号。与广西的侗族相比较，壮族传统聚落的公共建筑较少，也缺乏鼓楼、大型风雨桥等精美高大的建筑形式，这一方面是由于壮族族群众多且分散，长期以来没有形成统一的公共建筑形制，因此在公共建筑方面没有大的发展；另一方面，壮族是一个讲求实用，重内涵轻形式的民族，其精神诉求多存在其非物质文化的传统之中，而较少通过器物来表现，因而，壮寨中的公共建筑多讲求公用，但形式都较为简单、质朴；此外，壮族是一个长期被汉族统治并不断同化的民族，原有的民族特色被消解不少，一些文化传统没有保存和传承下来，也造成了公共建筑不发达的结果，例如，在云南文山州一带的壮族分支，虽然是自明清时代从广西迁入，但因地处偏远、交通不便的山区，其文化习俗还保留着许多原始壮族的传统，其传统聚落中尚保存有老人厅等具有公共议会性质的公共建筑，但在广西地区已找不到这样的原型。

4.4.1 寨门

在传统壮族村寨的入口处，多设有寨门作为内外分界的标志和出入村寨的主要通道。寨门是一种具有防御功能的建筑类型，与石砌围墙一起起到防御匪患的作用，此外也有阻挡妖魔鬼怪的神性意义。村寨建立之初一般都设有多座寨门，随着岁月的流逝，寨门的防御意义逐渐消退，原有的或毁或拆，与之连接的围墙基本上难觅其踪。现今存留的多为单独的寨门，成为村寨的标志，对地域的界定作用取代防御成为其主要功能（图4-33）。

从现存的寨门看，壮族的寨门较为简朴，多以石料构成简单的门框，门楣凿出屋檐的意向，屋脊正中雕刻宝瓶或葫芦。寨门的位置和朝向选择极为重要，需请风水地理先生测定，动工时间也是如此。

图4-33　金竹寨和龙脊廖家寨寨门

4.4.2　风雨桥

传统壮族聚落依山环水，桥梁成为必要的交通设施，为了供行人避雨和保护木质的桥身，在桥上搭建亭廊，就成为"风雨桥"。桥面设置栏杆坐凳，可供人歇息乘凉，因而又称之为"凉桥"。在广西地区，侗族的风雨桥数量较多，体量高大、造型精美、建造技术较高。而壮族风雨桥多以实用为主，造型相对简朴，而且数量较少，多分布在龙胜龙脊一带，在其他地区并未见到，由于此处的壮族多迁自南丹庆远府，而在南丹地区的壮寨并未见到风雨桥的实例，又由于龙脊的壮族与侗族多相邻而居，彼此交往甚多，因此壮族风雨桥的做法或许有借鉴侗族同胞的可能性。❶

4.4.2.1　风雨桥的选址

风雨桥的选址，一般位于村头寨尾的水口处。从使用功能上来说，建于村头寨尾的风雨桥，便于劳作归来的村民在风雨桥中歇脚乘凉，同时又能防卫村寨的出入口。在重大的节庆活动中，主寨的人可在位于村头寨尾的风雨桥上迎宾送客，使村寨间的娱乐活动有隆重的开端和圆满的结束。从风水角度来说，风雨桥所在的"水口"在聚落空间结构中有着极为重要的作用。水口的本义是指一村之水流入和流出的地方。风水中对水之入口处的形势要求不严格，有滚滚水源来即可，但水出口却往往是改造的

---

❶ 覃彩銮等. 壮侗民族建筑文化. 南宁：广西民族出版社，2006：114.

重点，因为"水来处为天门，水去处为地户，天门欲其开阔，地户欲其闭密"。所以在水出口处设置风雨桥可起到"锁水"的作用。村头寨尾的风雨桥限定了聚落的界限，构筑了村民的心理防线，在风雨桥限定的村寨空间内安居乐业。风雨桥不仅具有风水上的意义，它也成为迎接四方宾客的前站，同时也为劳作间隙的村民提供了一个阴凉适意、轻松舒适的驻足场所。

4.4.2.2　风雨桥的组成

壮族聚落所处的山区，林木茂盛，因此风雨桥身多为木质，落在水中的桥墩则为石材。小型的风雨桥单跨架在加固的两岸就可以，无须桥墩。较大型的风雨桥则一般都由桥基、桥跨、桥廊三部分组成。桥基分为桥台和桥墩两部分，桥台是桥在两岸的基座，多结合自然地形，局部砌青石护坡。桥墩则"通常为六棱柱体，周围用青石砌筑，内填以料石，竖向以3%收分，迎背水处为锐角，以减少河水的冲击力"❶（图4-34）。

桥跨基本都由木结构构成，一般做法是在桥台上则做单向悬挑向桥墩处接近，桥墩顶面则纵横设置井干式的木梁，向桥面平行方向两边平衡地伸出于墩外，层层出挑，与相邻的桥墩和桥台的叠架木梁逐渐靠拢，共同承托桥体的主梁。龙脊地区的壮族风雨桥的跨度不大，无须桥墩，而是直接从桥台处层层出挑木梁，会合于中部，就可支撑桥面的主梁，充分利用了木材的抗弯特性，如龙胜平安寨风雨桥（图4-35）。

桥廊一般分为廊与亭两部分，较短和不很讲究的风雨桥只设廊以达到遮风避雨的作用，壮族风雨桥多属此类，如龙脊村的几座风雨桥（图4-36）。与壮族相邻而居的侗族以建造多跨风雨桥闻名。壮族风雨桥与侗族风雨桥实用功能相似，但是壮族地区

图4-34　风雨桥桥墩

图4-35　平安寨风雨桥

❶ 韦玉娇，韦立林. 试论侗族风雨桥的环境特色. 华中建筑，2002，（3）.

图4-36　龙脊村的风雨桥

风雨桥数量较少，形制规格较小，桥体结构的复杂度、桥身装饰等都较为简约单一，并且少有廊亭相结合的形式，应该说壮族风雨桥多以实用性为主要目的，装饰与精神意义没有侗族风雨桥突出。较长的多跨风雨桥一般都将廊与亭穿插设置，榫卯结合联成整体坐落于桥面。桥廊宽3～4m，两侧或一侧设有栏杆，开敞通透，柱间设有通长坐凳，供路人休息、乘凉。平安寨的风雨桥桥头设有桥亭，平面在桥亭处扩大，打断了桥廊单调的线性空间，且桥亭空间高耸，在造型上也得到强调，采用四角攒尖的造型。

4.4.3　凉亭

广西山区，山高路陡，日照强烈，生活在此的壮族居民上山下山重担行走非常辛苦，因此，素来有在村寨附近通往田间的通道旁修建凉亭的风俗。壮族将修建凉亭视为热心公益、尊老敬贤、积德行善之举，并象征着村寨的团结和家族的和睦。壮族地区的凉亭，很多是子女为家中老人消灾祛病、祈福长寿而修建的，在功用上最终却体现在为公众谋福利。在凉亭的选址、动工日期、开工和落成仪式及选用的材料等，都有一系列的习俗礼仪。凉亭多建在旷野间的交叉路边上，也有的建在村中或者村旁，其位置多为方便往来劳作的村民使用。凉亭平面多为正方形或者长方形，面积3～10m²不等，由四、六、八根立柱卯接穿枋木搭成，双斜坡瓦顶或草顶，四面开敞，底部四周用木板搭成坐凳。在凉亭正中的横梁上常注明修建的年月以及捐资捐物修建者的姓名和数目。

图4-37 龙脊村的凉亭

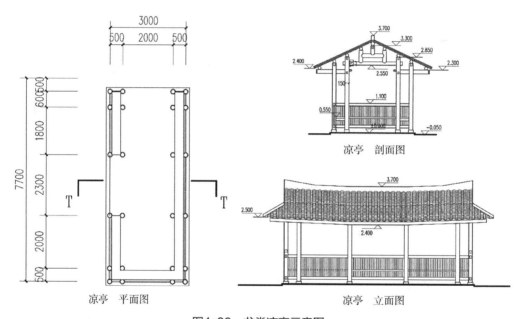

图4-38 龙脊凉亭示意图

过去，在凉亭的柱子上还挂着草鞋，以供行人更换，或在柱脚放置泉水桶供行人天热的时候解渴。这体现了壮族人乐善好施、互相帮助的传统美德（图4-37、图4-38）。

4.4.4 谷仓

村寨中谷物的存放有两种方式，一种是各家各户分别存储在自家阁楼，另一种是群仓制，即设立公用的谷仓，村寨中的粮食集中存放。群仓制的优点是谷仓与住宅分离，一旦住宅用火不当也可确保粮食不受损失。隆林、龙胜、东兰等地的壮族保留了

图4-39　水塘上的谷仓

图4-40　出土汉墓谷仓陶器

（来源：广西民族博物馆）

古老的群仓制，有些谷仓则建立在水塘上，防火亦防鼠患（图4-39）。

　　壮族修建谷仓的历史可以追溯到距今2000年前的汉代，在广西合浦县汉代墓葬里，就出土了许多陶制的干栏式谷仓（图4-40）。谷仓一般修建在村寨的空地上，采用干栏式木结构，底部架空，上部用木板围合成长方形封闭仓体。修建谷仓的目的，主要是为了预防住房不慎失火时，可以保护粮食不受损失，这也是壮族长期涉火生活经验的总结。

4.4.5　祠堂

　　在汉族文化的体系中，祠堂是宗族或家族的象征。由于广西壮族受汉族文化影响由来已久，在交通较为方便的平原地区，聚族而居的壮族，至近代仍普遍保留有宗祠。在壮族的观念中，祖先之灵是一个宗族最亲近、最尽职的保护神，既可保佑宗族人丁的兴旺，也可为宗族驱邪禳灾，因此建立祠堂的目的是为了敬奉祖先。人们除了在各自家中供奉家庭祖先之外，还于年节到宗祠集体祭祖。如民国《那马县志草略》"风俗"说："凡有祠堂，当春分秋分节，必召集合族，齐到祠堂，备猪羊以祭，谓之春、秋二祭。"近代壮族正是通过这种集体活动，来增强宗族成员的认同感，密切宗族内部的关系，增强宗族的团结和凝聚力。如广西忻城莫氏土司祠堂卜佑支祠六一亭上有这样一副对联："六房虽系六支,彻底算来,远近依然同个祖;一族即如一树,从根观去,亲疏都是一家人。"土司尤其重视建立祠堂,有的土司甚至建有几个祠堂。为了维持宗族的存在和举办活动,宗祠内一般都设有蒸尝田或祭田(即族田),由族长管辖,其收入用以祭祀、修建、互助、办学等。但宗法统治所造成的封闭落后、迷信守旧、任人唯亲、宗族械斗、重男轻女等消极因素,对壮族社会的发展也造成了较大的负面影响。20世纪50年代以后,壮族地区的宗祠多已破废荒圮,有的改为他用,宗族活动逐渐减弱或停止。

桂东北地区阳朔朗梓村的瑞枝公祠(图4-41)建于同治年间,占地约2000平方米,由天池、厢房、正堂组成。"瑞林祠堂"四字用花岗石凿成并镶嵌于大门正方,大门门框皆由青色花岗石组成。门口的屋檐下墙壁上,整齐有序地排列着7幅长宽不等的壁画,画中有乌鸦戏水、春燕衔泥、渔翁钓鲤等,画面形象逼真,栩栩如生。进入大门,是天井内院,内院左侧为辅房,右侧通过天井和住宅相连。正中轴线上有三重殿,分门殿、大殿和后殿,各殿风格各不相同。门殿建筑是广府风格,而大殿则是江西风格,后殿却是湖南风格,可见该建筑兼有广府和湘赣风格的影响。大殿屋架结构为硬山搁檩,这是广府建筑常用的结构形式,两侧山墙采用马头封火墙,这又有湘赣建筑的特点(图4-42)。

壮族祠堂在受汉化影响较深、壮族人口较少的桂东、桂东南、桂东北地区的壮族村落中存在较多,而在壮族传统文化发达、壮族人口较多桂西、桂西南、桂西北地区少有发现。

图4-41　瑞枝公祠

图4-42　马头墙

4.4.6　土地庙

土地神是广西各地壮族普遍崇拜的地方保护神，几乎每个村寨，都建有一座或几座土地庙。壮族认为土地公是一方之主，主管一方水旱虫灾及人畜瘟疫的神灵。土地庙多无神像，唯用红纸书写"土地公之位"字样，贴于正中墙上以供祭拜。逢年过节或遇有重大危难事件，村民必到土地庙跪拜求签。供物随事的大小而有厚薄。求签前忌吃狗肉。全村则一年一小祭，三年一大祭。每年开春作"春祈"，求土地公保佑当年风调雨顺，人畜平安。秋季"还愿"，感谢土地公的厚赐。

广西壮族传统聚落中的土地庙多形制简单，仅为木构或砖砌的坡屋顶单间小棚，低矮狭小，很多祭拜活动只能在庙外围举行。土地庙多位于村口大树下或风水林中，有镇邪、护卫村寨的意味（图4-43）。

图4-43　土地庙

4.5　壮族与广西其他民族传统聚落比较研究

4.5.1　壮侗族传统聚落比较

壮侗两族的聚落，都是以血缘关系为纽带聚合而成，家庭是组成聚落的基本单位。由于山地农耕的生产方式和经济条件的限制，壮侗两族的家庭单位一般都较小，核心家庭为聚落中的主要家庭单位，这也导致单体建筑的规模普遍不大，一般均为3～5开间，满足5人以下居住，呈外向开放性格局。同时，由于历史的原因，壮侗两族的聚居地多位于山区，受外部地理环境的影响，壮侗两族的聚落空间布局都呈依山傍水、顺应地形的散点半集中式形态。不同的是，侗族聚落具有明确的中心——鼓楼，而壮族聚落则没有明显的中心。

4.5.1.1　有明确中心的侗族聚落

侗族聚落是由"垛"—"补拉"—"斗"—"寨"组成。"垛"即最小的家或者户，"补拉"则指同一个祖父所生儿子的各个家庭。"斗"即房族，是一种以父系血缘为纽带联成的宗族组织，"斗"内不允许通婚。同一个"斗"内拥有共同的墓地、树林、公田、鼓楼等，由"斗"内各户轮流维护，其收入则归公共所有，用于修建鼓楼等公益性事业。"斗"内的家庭亦以鼓楼为中心建造各自的房屋，从而形成组团。各个组团又聚集在共同的鼓楼旁，从而形成较大的村寨。因此，在侗族聚落的空间构成中，鼓楼具有重要的作用。它既是空间的中心，也是侗族族姓认同的重要标志，还是族内聚众议事，制定、执行规约和礼仪交往的场所，是侗族政治与社会活动的中心。

广西三江高定寨是侗族聚落的典型范例。高定寨共有5个姓氏，90%为吴姓，其余为杨、李、黄和陆姓，其中吴姓又分为伍苗、伍峰与伍大、伍通、伍六雄、伍央等5个分支。寨中共有7座鼓楼，其中6座分属不同分支或不同姓氏，吴姓占有其中4座，分别归于全体吴姓或不同分支所有。另外两座则为小姓合建。寨中央的中心鼓楼和戏台则为全村各姓氏共建，是全寨的公共中心。全寨被分为6个"斗"，以各个鼓楼为中心形成6个组团，分布在中央东西向山谷的两侧，中心鼓楼和戏台则位于北面山坡的中央（图4-44）。

4.5.1.2　无明确中心的壮族聚落

壮族聚落的社会组织机构与侗族类似，但不同的是壮族聚落缺少鼓楼和戏台这样明确的聚落活动中心。富裕一些的村寨会修建凉亭、庙宇等公共建筑，但居住建筑也不以其为中心布局，而是纯粹顺应地形沿等高线发展，呈现无中心的散点式状态，如百色那坡达文屯（图4-45），全屯共居住着62户人家，在石山脚下沿等高线均匀分

图4-44　高定寨各"斗"分布图

（来源：熊伟绘制）

图4-45　达文屯总平面图

（来源：广西大学土木学院建071测绘）

布，大部分干栏为坐西南向东北，村落中唯一的公共建筑是位于村前风水林中的土地庙。龙脊村由廖家寨、侯家寨、潘家寨三个寨组成，自上而下分布在金江河北岸的龙脊山的山腰上（图4-46），虽然由地理位置和婚姻关系决定了四个寨子关系密切，但却无明确的聚落中心。村寨间被田峒、溪流、山路分割成自然形态，每一个村寨内部也呈团状或带状顺应地形散点分布。

4.5.2　壮汉族传统聚落比较

4.5.2.1　秩序与自由

汉族聚落精神空间的形成是以礼制为前提的。礼制是聚落精神空间形成的基础，其理论长期左右着中国人的社会行为。以秩序化的集体为本，

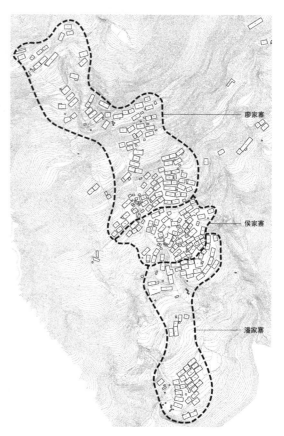

图4-46　龙脊村各寨分布图

要求每一个人都严格遵守封建等级的社会规范和道德约束，礼制界线不可僭越，成为稳定传统社会的无形法则，也成为左右中国和广西汉族传统聚居空间形成的基础。风水理念作为古人一种追求理想的生存与发展环境的朴素的生态观，在很大程度上成为汉族聚落的规划指导思想；重农抑商、耕读传家的思想则给传统聚落带来浓厚的田园山水与耕读生活相结合的文化意象。又由于广西的汉族多占据了平原地带，其秩序化的特点更能得到充分的发挥与体现。

广西的汉族聚落，血缘宗族关系是其形成的内在核心因素。对内，宗族以儒教礼制规范聚落空间，显示出较强的等级和秩序。因而在聚落空间上表现出极强的秩序感与整齐划一的空间形态（图4-47）。

而壮族聚落在礼制观念上不像汉族那样浓重，风水观念结合了汉族道教的学说与本土的原始巫教而更具地方色彩，结合山地地形与民族耕作习惯的聚落布局更加自由与有机。

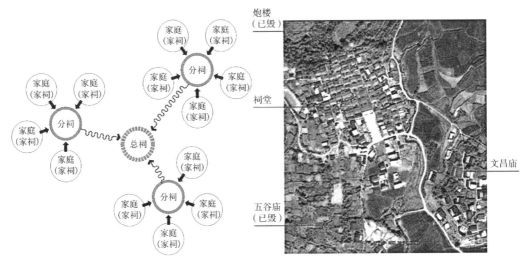

图4-47　汉族传统聚落的等级制与秩序感

（来源：熊伟绘制）

4.5.2.2　封闭与开放

广西的汉族聚落在对外方面，血缘的排他性使得外来血统人员难以介入，同时，由于汉族是外来民族，为了保护族民和族产，聚落空间显示出防御性的特征（图4-48），建筑较为封闭，与外部空间交流较少，而更加注重内部空间的精神内涵。

壮族自古以来就是生活在广西大地的本土民族，曾经广泛地分布于广西的各个地理区域，人口数量也在很长一段时期占据绝对优势。从民族个性上来说，壮族崇尚自然、开放，喜山乐水。这也反映在其聚落格局上，不拘泥于形式，最大程度上做到与自然的有机融合。因此，壮族传统聚落其防御特点并不突出，多以自然地形为屏障与界域，在适宜的地段自由发展，边界性不强，村落的延伸与扩展更多的是从自然条件与生产格局出发。这一点不仅使其与汉族差别加大，与一些防御性较强的少数民族也形成差异。

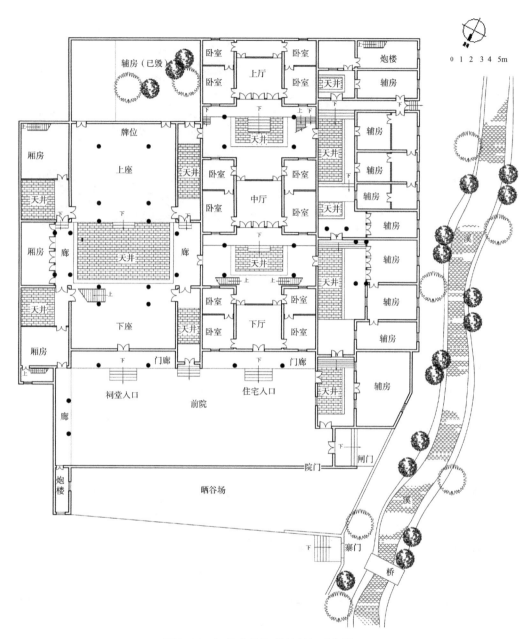

图4-48 汉族传统聚落的封闭防御性

（来源：熊伟绘制）

第5章

广西壮族民居
类型及特点

5.1 壮族民居基本特点

5.1.1 干栏文化

"干栏"一词最早见于《魏书·僚传》："僚者，盖南蛮之别种，自汉中达于邛笮山洞间，所皆有，种类甚多，散居山谷，无民族之别……依树积木，以居其上，名'干兰'，干兰大小，随其家口之数。"[1]其后，史书记载颇丰。如晋张华《博物志》："南越巢居，北朔穴居，避寒暑也。"《旧唐书一九七卷·南平僚》："土气多瘴疠，山有毒草及沙虱蝮蛇，人并楼居，登梯而上，号为'干栏'。"《新唐书·南蛮传》云：南蛮地区"土气多瘴疠，山有毒草及沙虱蝮蛇。人并楼居，登梯而上，号曰干栏"。宋乐史《太平寰宇记》："蜜州（今广东信宣）昭州（今广东平乐）风俗，悉以高栏而居，号曰'干栏'。"宋范成大的《桂海虞衡志》称：壮人"民居苫茅为两重棚谓之麻栏"。从众多史书和地方志的记载来看，南方蛮人（僚人）居住的地方，自古就流行"干栏"的居住建筑形式。

从语言文化学的研究来看，壮侗语族把自己的房子称为"干栏"，壮侗语中"栏"的意思是房屋，"干"是"上面"的意思，连接起来就是"架设在上面的房子"，汉字记音即"干栏"。目前，只有壮侗语族诸民族把这种"人栖其上，牛羊犬豕畜其下"[2]的楼居建筑称之为"干栏"，可见壮侗民族的祖先是发明和营造此类建筑的主要族群之一，广西地区也是干栏式建筑的重要起源地，至今仍然保留着大量的实例。

从广西地区的考古发现看，资源地区的晓锦村发现的原始干栏建筑遗址，证明早在新石器时期，岭南古人在坡地上就已经采用了这种居住形式；在浦北地区的东汉古墓中也出土了大量干栏建筑形制的陶器，同时出土的还有大量地居式的陶器，反映了本土居住文化与中原汉人居住文化在这一时期的共存现象（图5-1）。

把各古籍对于壮侗语族干栏建筑的记载与先秦典籍关于远古巢居的追述联系起来，可以看出，干栏建筑与上古巢居之间的渊源关系。杨昌鸣先生也在其《东南亚与中国西南少数民族建筑文化探析》一书中论证了巢居发展为干栏的过程。从房屋底部架空，居住面离地的基本特点为分类标准，按事物发展由简单到复杂，可以排列成如下发展顺序：巢居—栅居—干栏—半干栏—地面木构房屋。其中，巢居是干栏的起始原型，栅居是干栏发展的初级阶段，半干栏是干栏向地面建筑过渡的一种山地表现形

---

[1] 覃彩銮等. 壮侗民族建筑文化. 南宁：广西民族出版社，2006：44.
[2] （明）邝露. 赤雅.

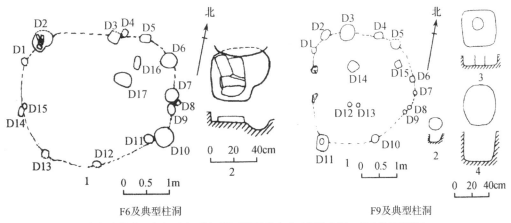

（a）晓锦遗址中广西地区新石器时期干栏痕迹（图片来源：考古发掘简报）

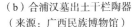

（b）合浦汉墓出土干栏陶器
（来源：广西民族博物馆）

（c）合浦汉墓出土地居陶器
（来源：广西民族博物馆）

图5-1　广西各地考古发现的居民形式

态和进一步的发展。在干栏的发展史上常有巢居和栅居并存、全干栏和半干栏并存等现象，这是因地区、环境、民族、历史文化等条件不同，发展不平衡的表现，并不妨碍序列规律的成立。

5.1.1.1　巢居

巢居是把住所建造于自然原生木上，"构木为巢"，若鸟巢然。《庄子·盗跖》："古者禽兽多而人民少，于是民皆巢居以避之。昼拾橡栗，暮栖木上，故命之曰有巢氏之民。"《韩非子·五蠹》："上古之世，人民少而禽兽众，人民不胜禽兽虫蛇，有圣人作，构木为巢，以避群害，而民悦之，使王天下，号曰'有巢氏'。"可见巢居是人类在进化过程中，因袭栖之于树的传统居住方式的直系发展。它又有下面两种形式：

（a）云南沧源壁画的巢居	（b）青铜器上的多木橧巢图案	（c）推测巢居形象
（来源：《云南建筑史》）	（来源：曹劲《先秦两汉岭南建筑研究》）	（来源：曹劲《先秦两汉岭南建筑研究》）

图5-2　巢居

独木橧巢。巢居形式史称"橧居"。即利用一株大树的枝丫搭设类似窝棚的庇护所，空间狭小，只容少数人栖身，进出则就树上下攀缘。这种形态的真实面貌在今天的非洲、南美洲、澳洲、东南亚、印度等地一些热带雨林地区的某些古老原始部落中仍可以找到实例。1965年以来，在云南沧源发现的远古岩画中，就有这种独木巢居的图像。

多木橧巢。随营造技术提高和人口的增殖，需要争取更大的空间，于是利用几株相邻的树木建造的居所，同时也更为稳固、安全。在四川出土的一件商代青铜罍于上刻画着一种象形文字，徐中舒所言"象依树构屋以居之形"即为这种多木橧巢的生动写照（图5-2）。

5.1.1.2　栅居

巢居时代人们并未脱离依附自然物来解决居住问题，靠原生树木构屋的方式毕竟束缚着人们日益增长的生活内容，限制了人们的活动。当石器工具发展，原始人学会伐木打桩，然后依靠木桩来架屋造房，这便是栅居。它已具备了干栏式房屋的雏形，是干栏的低级发展阶段。[1]在广西资源县发现的晓锦遗址中就找了原始干栏式房屋的痕迹，考古人员在较大坡度的斜坡面上发现有呈半圆形排列的柱洞而没有发现居住面和用火遗迹，显示当时人类可能居住在背靠山坡依山而建的干栏房子[2]（图5-3）。

❶ 李先逵. 论干栏建筑的起源与发展. 族群·聚落·民族建筑. 昆明：云南大学出版社，2009：9.
❷ 曹劲. 先秦两汉岭南建筑研究. 北京：科学出版社，2009：60.

图5-3　晓锦遗址栅居复原图

（来源：曹劲《先秦两汉岭南建筑研究》，第84页）

这种房子就是上下结构不对应的栅居形式。

栅居的主要特点：一是可以灵活变化空间以适应各种不同的需要，根据具体实际决定住屋的大小，更可以获得较大的空间和理想的空间，不像巢居那样，选择性小，受固定条件的限制；二是人们可以自由选择居住地点，利用寻找适合生存、环境优越的栖息地，改善居住环境质量；三是以村落聚居的观念由此而生，居民点及其规划，在历史上首次出现。原来分散的单个住居被集中形成建筑群，使氏族、部落可以在一个基地共同生活，增强了原始集体同自然界做斗争的力量。❶

5.1.1.3　干栏

随着青铜器和铁器的使用，木材的加工工艺渐趋精细，这为建筑中采用榫卯技术创造了条件。当榫卯技术发展到使结构组合更加稳固时，就可以不用栽桩的办法，而直接在地面加垫石立柱，成为名副其实的干栏。它较栅居更为先进优越，其选址更为灵活广泛，在不易打桩的岩丛硬土地区，照样可以建造；能够避免栽柱受潮易腐的缺陷，延长建筑寿命；基础工程量少，节省材料，加快施工速度，提高建筑经济性。随着人们征服自然能力的提高，自然恐惧心理日益减少，居住面呈现出由高到低，向地面接近的发展趋势，毕竟落实到地面更方便人们的活动。在干栏发展阶段，则表现为高干栏向低干栏演化的过程，以及这一过程的各种复杂多样化的建筑形态。❷

5.1.1.4　半干栏

半干栏是一种半楼半地的建筑形态，苗族、布依族的"半边楼"可以作为它的典型代表，壮族地区也有使用（图5-4）。这是干栏应用于坡地的一种独特的方式。它反映出人们两种创造意图，一是如何用更经济的办法适应地形，利用坡地空间；二是如何克服全干栏与地面联系不便的缺点，争取地面活动自由度。这是干栏式进入山地

---

❶ 李先逵. 论干栏建筑的起源与发展. 族群·聚落·民族建筑. 昆明：云南大学出版社, 2009：9.

❷ 李先逵. 论干栏建筑的起源与发展. 族群·聚落·民族建筑. 昆明：云南大学出版社, 2009：10.

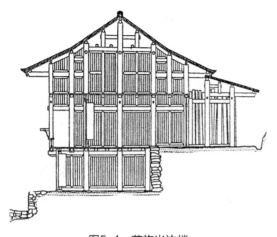

图5-4　苗族半边楼

（来源：罗德启《贵州民居》，第139页）

以后的必然发展趋势。❶

干栏建筑最后的演变，终于从空中降至地面，楼居为地居代替。这个建筑事实已从考古材料获得证明。在浙江余姚河姆渡文化新石器时代干栏遗址中，第四文化层为高干栏，第三文化层为低干栏，第二、第一文化层则出现栽桩打桩式和栽桩式地面建筑。这表明，时间越靠后，干栏式建筑越来越靠近地面，以至最终成为地面建筑。❷

壮族先民居住的岭南地区，地形复杂、林木繁盛，为干栏建筑的延续发展提供了极为有利的自然条件，因此这种古老的居住形式至今仍然在广西山区大量留存，这有其历史的偶然性与必然性。广西壮族地区的干栏建筑以木材为主要建筑材料，由于木材本身耐久性的原因，加之气候、火灾等因素，能考察到的现存的干栏建筑最早也不过距今100多年，要从实例上追溯干栏建筑的发展历史并不现实。但是，从众多考古资料、典籍的分析研究，可以推测出干栏建筑与上古巢居、栅居等形式一脉相承。

5.1.2　壮族民居平面构成

根据现存的壮族干栏式民居的平面组成要素，可将其分为四种类型的空间：礼仪空间，主要是堂屋；生活空间，火塘间以及各卧室；交通空间，门楼及楼梯；辅助空间，包括牲畜棚、储物夹层和卫生间。

5.1.2.1　礼仪空间

堂屋位于二层的正中开间，在现存的壮族民居中，所有的生活空间都是以堂屋为中心来布置，堂屋的重要性可见一斑。在与桂北壮族毗邻的侗族聚居区仍然还保留着偶数开间的民居形制，堂屋并不作为住宅的中心空间，由于侗族与壮族族群的同源性可推测出壮族的这种以堂屋为中心体现出的"居中为尊"的思想，是汉族礼制文化传

❶ 李先逵. 论干栏建筑的起源与发展. 族群·聚落·民族建筑. 昆明：云南大学出版社，2009：10.
❷ 浙江河姆渡遗址第二期发掘的主要收获. 文物，1980，（5）.

播对壮族民居的影响，这与广西壮族受汉族文化影响较同区域其他少数民族为甚有直接关系。

在传统农业社会中，家庭作为最小的社会单元，它不仅提供遮风避雨、休憩餐饮的物质空间，同时也要给家庭成员提供精神的归属感。在家的空间中需要有与祖先、神灵进行沟通、礼拜的场所，堂屋正是具备了这种礼仪功能，是民居中最为神圣的空间（图5-5）。

堂屋正中的后墙中上部设置有神龛（图5-6），称之为"香火"。神龛正中贴红纸，书有自己祖宗、本地神灵的名讳，一般左右是祖先和本家香火神名号（比较常见的有莫一大王、岑大将军、花婆等），正中书写的是"天地君（国）师亲"，这正是汉族儒家文化的家国观念的体现，反映了尊卑有别、长幼有序的道德伦理观念，更加体现了堂屋作为物质空间的中心与精神伦理中心的合体。地处边远，人口稀少的龙州金龙镇地区的壮族民居中只拜祖先而无"天地君师亲"排位，这反映出在人口较少、交通不便的地区，汉文化对壮民族文化影响力较弱。

靠堂屋后墙摆放神案、八仙桌，神案上摆放着贡品、香炉等祭拜设施。它们与上部的神龛构成了整个民居中最为华丽和神圣的部分，体现了神灵和祖先崇高地位。在壮族民居中，堂屋正上方的屋顶通常设置有数片明瓦，以保证堂屋的采光，同时正对神龛的明瓦也用光线凸显了神灵的光芒。

堂屋是进行各种红白喜事、重要社交活动的场所，很多地方的壮族干栏式住宅的堂屋与两侧次间、火塘间是没有隔断的，连通成为高大统一的整体空间，适合上述活

图5-5　堂屋

图5-6　神龛

动的需求。堂屋的另外一个功能就是整个住宅的交通枢纽，它连通火塘间、各卧室以及室外门楼，同时，上到三楼夹层的楼梯通常也置于堂屋一侧，方便垂直交通。在壮族民居中，堂屋作为家庭的礼仪空间是一个普遍现象，但它与火塘间以及和其他使用房间的关系可以作为我们判断汉文化对其影响程度的重要标志。

5.1.2.2 生活空间

1. 火塘间

堂屋是壮族民居的礼仪中心，火塘（图5-7）则是生活起居的中心。刘锡蕃在《岭表纪蛮》中写道："（火塘）除调羹造饭外，隆冬天寒，其火力及于四周，蛮人衣服不赡，藉以取暖，有时环炉灶而眠，兼为衾被单薄之助。赤贫之家且多未置卧室，而以炉为榻，举家男女，环炉横陈。虽有嘉宾，亦可抵足同眠，斯时炉灶功用，不止于烹调，盖直抵衣被床榻矣。"可见，直到清代，西南少数民族民居中的火塘仍然是家中炊事、取暖甚至休憩的中心。很多的社交活动比如一般的会客、聚餐、家庭成员的聊天都是围绕着火塘进行，另外，夜间的照明也是其重要的功能之一。火塘的上方在阁楼底板之下吊一竹匾，俗称"禾炕"，上面搁置腊肉等熏制食品，底部也可悬挂各种器具和食物。火塘间上方的梁架上搁细竹竿，铺上竹席，当地人称之为"帮"，主要存放禾把，旨在将晾晒的禾把再用烟熏干，避免受潮和生虫；另外，竹棍之间的缝隙便于火塘产生的烟雾和热空气上升，通过阁楼层至山墙面排走，形成循环通风排烟系统（图5-8）。❶

图5-7 火塘

❶ 吴正光等. 西南民居. 北京：清华大学出版社，2010：236.

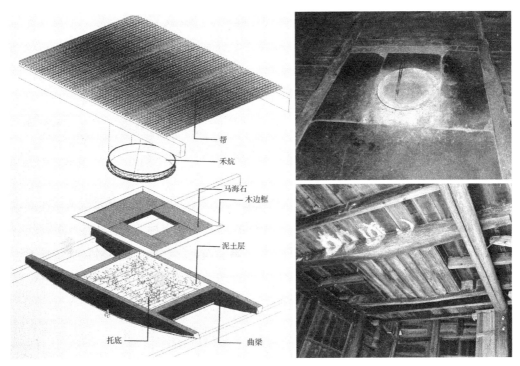

图5-8　火塘构造做法

（来源：吴正光等《西南民居》，第237页）

　　火塘在壮族家庭生活中承载丰富的功能，在某种意义上它就是家庭的代表。在壮族地区的民居中，成年的儿女和父母分家，如果没有财力和土地新建房屋，就在老屋增设一个火塘，父母一个火塘，儿孙一个火塘，如果有几个成年兄弟，则有可能分设几个火塘，一个火塘就代表一个家庭。三开间的民居，火塘间位置位于堂屋两侧的次间，有的民居有五个开间，则火塘间位于两个梢间。一般东面的火塘是主火塘，西面的是次火塘，分家后，老人使用西面的火塘，年轻人使用东面的火塘。壮族地区普遍有以东为尊的传统，可见对年轻人的爱护和希冀。按照当地老人的说法是："年轻人住东边象征朝阳，老人住西边象征夕阳。"如果家庭有几个成年弟兄，则可能分出3~4个火塘。火塘在房屋进深方向位于正柱与前今（金）柱之间，这正好与堂屋的中心空间在一个水平线上，显示出这一中心区域的公共领域特征。

　　在桂西和桂西南地区的部分干栏中，笔者发现原本位于堂屋两侧的火塘被移置堂屋后部的现象，甚至有堂屋两侧火塘废弃，而在主体房屋两侧加建厨房代替火塘的现象。这种改变有两个主要原因：

　　一、受到汉文化的影响，"前堂后室"的壮族传统民居平面格局向"一明两暗"

的汉族民居传统平面形式转化，火塘的地位降低了，变成了从属部分，不再具备待客、社交等开放性功能。

二、政府推行"灶改"。"灶改"的目的一个是推行省柴节能灶与利用沼气，由于此灶是一个体量较大的封闭结构，不可能像传统火塘一样置于堂屋两侧，而必须单独设立厨房和连通室外的排烟管道。另外，很多干栏中火塘位置发生改变，不再置于底层架空部分的上部，而是直接落于地面，减少了传统火塘的火灾隐患，并且更加适应现代农村生活需求。

总之，火塘的消退与厨房的引入在壮族地区是较为普遍的，这既是汉文化深入传播的影响，也是现代生活观念变化带来的必然结果。由于火塘的消失，传统的社交空间向堂屋转移，但由于堂屋两侧的空间不再开敞和通透，那种传统壮族民居中通透、开放的空间氛围大为削弱，反而失去了原本的活力与趣味。

据考察，广西壮族聚居区的火塘多贴平楼面而作，四周的餐凳都是20cm左右高的矮脚凳，吃饭的时候在上面架一矮桌，便可围炉进餐。周去非在其《岭外代答》卷四《巢居》中记载："深广之民，结栅以居，上施茅屋，下豢牛豕。栅上编竹为栈，不施椅桌床榻，唯有一牛皮为裀席，寝食于斯。牛豕之秽，升闻于栈罅之间，不可向迩。彼皆习惯，莫之闻也。考其所以然，盖地多虎狼，不如是则人畜皆不得安，无乃上古巢居之意欤？"据此可以推断，这种传统火塘的做法应该是和古代壮族席地而居的习俗有相承关系。在壮族聚居的田林地区，有少量聚居在山地的汉族（高山汉族），他们的火塘就是高出地面尺许的高脚火炉铺（图5-9），便于坐在凳子上进餐，这可能和汉族较早使用家具，告别席居生活有关。

在已发掘出来的原始社会穴居遗址中，火塘就是原始人类生活空间的中心，当时起居生活的一切都是围绕着火塘展开，它的重要性以及人们对它的依赖进而产生了原始"火塘崇拜"。随着汉文化的传播，"床榻"的出现致使卧室从火塘边独立开来，席居生活开始解体，尔后出现的堂屋使得一部分礼仪和社交空间也从火塘空间分离出来，在部分壮族聚居地区，火塘亦在逐渐消失，其炊事功能正被独立的厨房所替代，位置也发生了转移，被移至屋后或者两侧的独立空间。

图5-9　高脚火炉铺

虽然火塘的功能正在逐渐弱化，但壮民族对于火塘的崇拜"情结"仍然保留了下来。在龙胜地区壮族聚居的村寨中，人们对建造火塘和进新房生的第一次火都比较看重，有时间的讲究和固定的仪式。比如，在搬进新屋之前，要举行简单的接火种仪式，即需要从旧屋的火塘里引一把火，点燃新房子火塘里的火，意为本家烟火不断。如果尚未接入火种，则禁忌搬东西进新屋，以免影响家族成员的健康与繁衍。经过这个仪式，火塘与家族的延续重叠在一起，在精神意义上成为家庭的象征。火塘是壮族家庭最神圣的地方，禁止用脚踩踏火塘上的三脚架以及灶台；小孩不能往火塘里小便；烧柴火时，必须使小的一端先进火塘，否者会导致产妇难产等，诸多禁忌都显示出火塘与家族的兴旺、子孙的兴盛关系密切，对火塘的原始崇拜更多地表现出生殖崇拜的色彩。

2. 卧室

卧室通常位于住宅二层的后部或者是堂屋的两侧。老人与已婚成员居于堂屋后东西两侧的开间。未婚青年与儿童的卧室位于门口两侧光线较为充足的开间。堂屋正后方的房间在有的地区是居住家中的男性老人，这应该是原始父权思想的遗留；在有的地区并不讲究，男女性老人均可住；在桂北地区通常并不住人，而是用作储藏空间，只有客人来访是临时当作卧室之用，当地人解释是此处位于神牌之后，不住人以免冲撞神灵。在桂西德靖台地的偏僻山区依然保留着走婚的制度，即结婚后，女方只有生育后才能住到男方家中，且是分房居住，不过由于传统干栏民居的居住空间并不充裕，这种习俗已经很少保存。卧室一般面积不大，开窗较小，又多靠山靠坎，采光条件较差。可见壮族传统干栏之中，在卧室的分配上并未体现出严格的长幼次序，更多的是对后辈的关爱。

5.1.2.3　交通空间

1. 楼梯

在底层明间一侧的次间设置有入户门，入户门有侧入（东侧或西侧均有）、正入（住宅正面）、后入（住宅背面）几种方式，这与住宅用地情况以及当地的风水习惯有关，如果正面有富余的平地和通道，则选择正入；如果前面是陡坎，屋后有道路，则选择后入；如果侧面与其他住宅共享通道，则选择侧入；也有的壮族村落集体采用一致的方向入户，即是当地风水习惯的约定。进入入户门可见入户楼梯（图5-10），楼梯为一直跑梯段，一般为9~11级，级数为奇数，按壮族人的传统观念，认为奇数为阳，偶数为阴，阳为人世间，阴为亡魂归宿处，因而干栏的楼梯级数采用奇数，表示是人走之梯，忌偶数。每级高度为6寸，这样可以保证底层的高度在1.9~2.0米，满

图5-10 楼梯

足底层的功能需求。

2. 门楼

楼梯上去是门楼（图5-11），门楼占据整个明堂开间，它与相邻的入户楼梯占据的侧间均为半开敞的空间，正面开敞，设有栏杆，起到进入室内空间的缓冲作用，也是家庭户外生活的一个平台，劳作时休息、闲聊、待客都可以在此进行。也有人家在门楼正面设花格窗甚至安有玻璃，这样门楼能更好地遮风避雨，但开敞性受到影响，有失自然。门楼对着入户楼梯一侧一般设有格栅门或半高的腰门，因为村寨居民只要不是长期离家，入户门通常是打开的，在门楼设置一道门可以防止鸡鸭窜至二楼。

图5-11 门楼

门楼正对着堂屋，由屏风门（正门）相隔。为保证门楼的进深充足，门楼不仅只占据言（檐）柱到三柱之间的进深空间，而是将正门设置在三柱与今（金）柱之间的燕柱位置，燕柱比三柱往明堂方向退进了大约50cm，且不落地。在正门过梁上方的燕柱之间有一条拱梁，在建房时内塞金银铜钱，以喻门庭富贵。进入正门是堂屋。

3. 通廊

通廊（图5-12）的做法在桂西、桂西南的壮族干栏中较为普遍，而在桂东北、桂北红水河流域则只有门楼，没有通面宽方向的通廊。这种区别有以下两个原因：

第一，桂东北地区冬季较为寒冷，室外活动受到限制，因此过于开敞的门廊利用程度不高，也不利于室内保温；而桂西、桂西南地区常年气候温暖，通风遮阳较之保温更为重要，因此门廊的设置比较适应这一区域的气候条件。但是，位于红水河流域下游的都安、马山地区虽然常年气

图5-12　通廊

候较为温暖，壮族干栏同样没有设置通长的门廊，这就不能用气候条件加以解释了。

第二，门廊作为一种开放性较强的室内外过渡空间，功能上为壮民族提供了更多的室外活动与交流空间，体现出了民族的开放性格。门廊的设置与户内"前堂后室"的空间布局是有一定对照关系的，它的后部就是堂屋间和两侧的火塘间这些室内的公共空间，在私密性方面没有冲突。而且有门廊的民居通常入户楼梯采取的是正面侧入的方式，这符合人的行为规律和空间展开的习惯，侧入的楼梯导向的第一个空间就是门廊空间，可见原始居民对于这种半户外空间的喜爱和重视，而堂屋是发生了一个

90°流线转折才能进入，其中心性和仪式性被削弱了。桂北龙胜地区壮族民居采用正面侧入的方式入户，亦不设置通长门廊，这应该是一种过渡形态，既不充分强调汉族正统的中轴对称思想，又在一定程度上考虑到私密性。正面直入的入户方式通常是不设置通长门廊的，门楼作为入户门前的过渡空间只占堂屋开间，而且与这种入户方式相对应的室内空间已经在向"一明两暗"的汉族民居形式转变，堂屋两侧也是卧室，门廊的设置对私密性不利。在桂西左江流域的德保地区的那雷屯，仍可看到采用正面直入方式的壮族干栏设置有通长的门廊，并且由于家庭人口的增加，为添补卧室的不足，有些门廊被封起来变为前置的卧室，这正是室内平面布局从"前堂后室"向"一明两暗"发生转变。

通廊通常只设置在朝阳的前檐面，但在桂西西林地区的檐下通廊是环绕干栏一圈来设置，可以骑马转一圈，故被称为"走马转角楼"。在西林地区，有时候分家的同一家族，虽然各自拥有完整的三开间住屋，但紧挨在一起，共用楼梯和通廊进入各自的堂屋，形成干栏"长屋"（图5-13）的形式。

通廊作为一种室内外空间的过渡，在壮族干栏建筑中发挥了重要的作用。由于传统坡屋顶建筑室内通常采光较差，白天亦不具备较好的能见度，因此家中老人、小孩多喜欢在通廊上闲坐和嬉戏，在这里也方便和邻家进行交流和互动；此外通廊还可以放置常用农具、晒衣物和一些农作物，它与晒排结合还可以晒谷物；有时候外人来访，也可利用通廊待客。

图5-13　长屋

5.1.2.4　辅助空间

干栏建筑的最大特色在于底层架空（图5-14），由于壮族民居多位于山区，住宅底层受气候条件影响多半潮

图5-14　架空层

图5-15　晒排和晒台

湿、阴暗，多用于饲养牲畜、堆放农具和化肥、设置卫生间等。在很多地区卫生间和牲畜的粪便池与沼气利用设备结合起来，做到了能源利用的循环。随着现代生活观念的传播，在地形较为平坦，用地相对宽松的一些地区，原本的牲畜栏已经不再放在住宅底部，而是在屋旁另建独立的牲畜棚，底层基本上单纯用来储物甚至堆放粮食，考虑到潮湿问题，居民会在地面设置一定的垫层以隔潮。卫生间位于底层的传统方式由于不够便利也基本不再采用，而代之以二楼两侧的独立卫生间。

粮食储存主要有三种方式：一是存放于堂屋正后方的房间，此房间由于位于神位之后，在某些壮族地区忌讳住人，因此被利用来储藏谷物；二是针对需长期储藏的粮食，存放于三层阁楼；另外，部分住宅拥有专门的粮食储藏、加工间。粮食是以禾把的形式储存的，只有需要食用时，才将其脱壳成米。

在壮族地区，谷物的晾晒通常有两种方式：一、晒排或晒台（图5-15），通常位于住宅正面或者两侧。位于正面的晒排或晒台与房屋平行设置，与门楼或通廊连通，位置通常以不遮挡入户楼梯为准。它由木材搭建，上部覆以密排竹篾，通常用来晒谷物和辣椒等农作物，为避免作物下漏，垫之以竹席。在桂西龙州地区，当地壮族利用本地的岩石垒砌桥拱状晒台，上部晒谷物，下部仍可储物，也有晒排（台）位于两侧的形式，它们连通侧面的火塘间或者厨房，或用木材搭建，或利用地形直接接地面。

由于壮族聚落多处在山岭坡地上，室外平地较少，因此流行在干栏的前檐一侧或者山面一侧的向阳面，用竹木搭建与房屋平行、面积15～20平方米的晒排，作为主体建筑的配套设施，便于各家庭晾晒稻谷、茶籽、辣椒及衣物等，方便实用。❶

---

❶　覃彩銮等. 壮侗民族建筑文化. 南宁：广西民族出版社，2006：228.

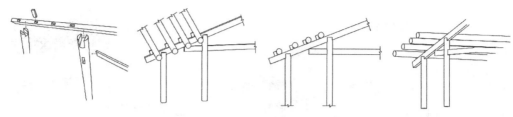

图5-16　檩条与斜梁的连接构造

5.1.3　壮族民居结构形式

建筑结构形式是一种长期形成并具有历史稳定性的建筑元素，大叉手结构与穿斗式构架是传统壮族干栏的主要结构形式，其中尤其以大叉手结构最为古老和独特。

5.1.3.1　大叉手

所谓大叉手，是指民居建筑的屋顶采用交叉的两根斜梁在交叉处绑扎或榫接成三角形棚架，若干排三角形屋架上搁置檩条，上钉椽皮，再铺瓦片形成整体屋面。杨昌鸣在《东南亚与西南少数民族建筑文化探析》中认为，大叉手的房屋构架模式，起源于原始人类"构木为巢"时期的三角形人字棚架。这种屋架形式构造简单，斜梁可以保证屋面的整体性较好，檩条按照40～60cm的间距均匀搁置在斜梁上，在斜梁上钉木块以阻止其滑动（图5-16）；檩条通长的整体性较好，但大料木材有限，一般采用每榀搭接方式（图5-17）。大叉手的屋架，由于檩条位置不用和柱顶或瓜顶对应，避免了复杂的榫接构造，其做法简单，对木材的加工和建造技术要求相对较低，在壮族聚居区被大量使用。有大叉手屋架的民居，其挑檐是大叉手斜梁直接伸出承托檐檩而成（图5-18），檐柱直接支撑叉手斜梁，没有吊瓜、挑檐枋（水串）等复杂结构，因此其出挑深度不及穿斗式建筑的出檐。

穿斗结构中，每榀屋架通过各柱（含各瓜）与檩条的榫卯联结，形成一个空间受力框架，各向刚度得到了一定保障。而大叉手构架中，檩条只是搭接在屋架的斜梁上，各榀屋架之间缺少拉结构件，仍然是平面受力系统，结构的稳定性较差。从木结构技术发展的角度来看，是一种较为原始的结构形式。

5.1.3.2　穿斗式

穿斗式又称为"立帖式"，是一种古

图5-17　檩条搭接做法

图5-18 叉手梁挑檐

老的木结构做法。它是由柱子、穿枋、斗枋、纤子、檩木五种构件组成。以不同高度的柱子直接承托檩条,有多少檩即有多少柱,如进深为八步架,则有九檩九柱。为了保证柱子的稳定,以扁高断面的穿枋统穿各柱柱身,根据三角形坡屋面的界范,安排多根穿枋,愈靠中间的柱子穿枋愈多。在这样的排架上,再以若干斗枋、纤子纵向穿透柱身,拉结各榀柱架,柱架檩条上安置椽子(椽皮),铺瓦,成造屋顶。❶

广西壮族居住地区湿热多雨,其干栏建筑的屋面做法,通常是在椽皮上直接冷摊瓦片,屋顶结构轻薄。因此穿斗架的构件尺寸一般都较小,如柱径、檩径多为15~20cm,穿枋斗枋宽3~4cm,而高则达到25~32cm,一般多用杉木。穿枋一般为通长,若木材不够,也有拼接的做法。穿斗架每步水尺寸通常在1.5尺、2尺、2.5尺(48cm、64cm、80cm)。❷一般落地柱间通常有2~5步水(3~4步居多),正柱(脊柱)与今(金)柱、今(金)柱与言(檐)柱步水较多,言(檐)柱与吊柱间步水较少,符合各进深空间的使用要求。各落地柱间每步的瓜柱不落地,长瓜落在最下部的大穿枋(大串)上,短瓜落在不同高度的穿枋上,这样既能保证短瓜长度规格一致,方便加工,又能减少瓜长,节省木材,这种做法叫作"跑马瓜"。

穿斗式构架的受力明确,屋面荷载通过檩条直接传给各落地柱,穿枋和斗枋仅为拉结构件,但在改良后的柱瓜结构的穿斗架的穿枋兼有拉结与承重的双重作用。从稳定性讲,排柱架的横向稳定性是非常好的,整排统穿在一起的三角架不易变形。但是,纵向斗枋的稳定性相对较差,因此在壮族聚落中常可见左右歪斜的穿斗式干栏建

❶ 孙大章. 中国民居研究. 北京:中国建筑工业出版社,2004:305.
❷ 孙大章. 中国民居研究. 北京:中国建筑工业出版社,2004:306.

筑，需用木柱支顶。为了克服这种缺陷，在木构技术较为发达、木材资源较丰富的地区，各榀屋架除由檩条拉结之外，檐柱柱头上有额枋连接，各檩条之下尚有通长的随檩枋相连接（视木材富足程度而定，有的建筑只在中间一榀设置，或只在落地柱间的檩下设置），共同构成整体框架。另外，居民通常在房屋的两侧山面加设披厦，有助于保持稳定。

壮族民居建筑的结构形式及种类一般为全木穿斗木构架，用木柱和木梁（枋）榫卯连接，构成整体房屋骨架，柱数常用奇数，多为三、五、七柱式，九柱少见，偶数柱四、六柱式间或有之，榀数视房屋开间数量规模而定，一般为四、五、六、七榀居多。穿斗架内各柱距多为等距，常用1.8～3.0m，柱径为0.2～0.3m。柱间有多层穿枋，在穿枋上立瓜柱，檩条直接搁在架柱或瓜柱上，形成一柱一檩的构造形式；这样便于瓜柱移位与升降高度，以满足屋面举折要求。檩条间距一般为0.6～0.8m，直径为0.1～0.8m，依屋面举折而上，上铺椽皮，覆以青瓦，多为两坡顶和歇山顶。整个结构构架单纯而又符合力学逻辑，清晰表现构件的传力过程。匠人们充分利用杉木纤细自重轻、抗拉性能较强的特点，通过精心组织与交接，能直观地反映建筑的结构机理。

穿斗构架中柱、梁、枋等各种构件都采用榫卯方式连接。榫卯是活动的铰接支座，从力学的角度来讲，它能抵抗各个方向的力矩，有良好的抗风、抗震性能。杉木的风化干缩或潮湿膨胀等各种变化，榫卯都能应对。哪怕是长年累月，榫卯变形，各种榫卯仍然都能相互抵消、承受较大的剪力矩。尤其在地基上直接放柱础立柱，垂直荷载和水平侧推力较大时，产生很大的摩擦力，仍然能以铰支座的方式承载荷载。因此各构件间的逻辑关系具有了明显的可读性，细部与整体之间，构造与材料之间形成了统一。

5.2 桂西北干栏区壮族民居

桂西北与桂西南是广西壮族集中分布的两大区域，由于自然地理环境、区域文化背景、族群构成的不同而形成了截然不同的干栏民居形态，是广西地区传统干栏建筑的主流。而桂中西部是次生干栏最为丰富的区域，包含了数量众多的亚态干栏建筑文化，也是干栏地面化发生发展的主要地区；桂东地居区则是壮族民居完全汉化后的形态。本章将从平面特色、结构特点、立面等角度分别阐述这四个建筑文化分区民居的特点，进而进行对比研究。

5.2.1　平面特色

5.2.1.1　入户方式

民居入户方式是指入户方位的选择、楼梯的设置以及入户方向与住宅室内空间的轴线关系，它不仅反映了不同地区居民对于建设用地的利用情况，也反映出礼制观念等文化信息。桂西北干栏区壮族民居的入户方式有以下几种：

1．侧上正入型

侧上正入型是指从住宅侧面（山墙面）上楼梯入户，经前檐通廊在正面进入堂屋。楼梯设置在侧面，不占进深方向的空间，有利于山地民居节约用地，其楼梯入户处与堂屋正面不相对，而是通过通廊联系，进入堂屋的流线发生了90°转折，不强调其与建筑的中轴线重叠。这种形式是一种较为古老的入户方式，仅在桂西北西林地区的壮族村寨中发现了这样的实例（图5-19、图5-20），这和桂西北侗族民居的入户方式相似，元代马端临《文献通考》中"僚蛮不辨姓氏……依树积木，以居其上，名曰杆栏，杆栏大小随其家口之数。杆栏即夷人榔盘也，制略如楼门由侧辟，构梯以上为祭所，余则以寝焉"所述的"门由侧辟"指的即是这种入户方式。杨昌鸣在其《东南亚与中国西南少数民族建筑文化探析》中推断这种入户方式与上古的"巢居"应有的相承关系，可见这种做法的古老。

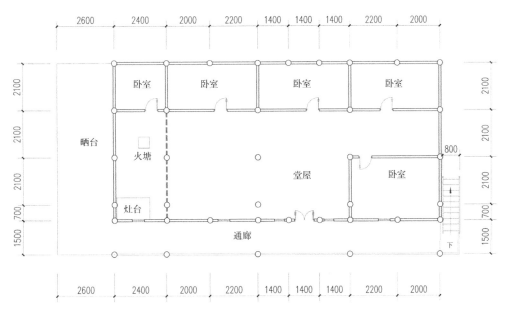

图5-19　西林那岩屯壮族民居侧上正入型入户平面图

（来源：广西大学土木学院建061测绘）

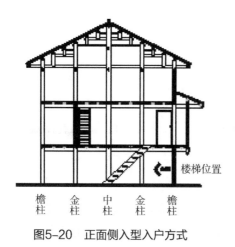

图5-20　正面侧入型入户方式

2. 正面侧入型

正面侧入型（图5-21）是指入户楼梯与房屋面宽方向平行进入，上楼梯后在门楼位置转折90°进入堂屋。桂西北壮族干栏民居底部架空层多设有入户门，通常位于正面底层一侧，入户后可见楼梯平行于房屋正面，上楼梯进入门楼，门楼正对堂屋大门。这种做法也比较节约用地。相比侧上正入型，其门楼与堂屋的轴线关系较为突出，但是楼梯入户流线仍然与堂屋中轴线垂直，可视为一种具有一定汉族礼制特征又保留了壮族原始传统的中间做法。桂西北干栏区的壮族民居多采用了这种入户方式（图5-22），也是传统壮族村落中较为普遍的做法。

5.2.1.2　平面格局

1. 前堂后室型

桂西北干栏区的壮族民居多采用前堂后室型平面格局。所谓"前堂后室"也就是民居前部为起居待客空间，后部为家庭成员的寝居空间（有些地区的火塘间前部占用前廊加建卧室，但实为家庭人口增加又无力扩建的一种权宜办法，仍可视为前堂后室的格局，加建部分通常给未成家的年轻人住）。在壮族地区，采用"前堂后室"平面布局的民居通常是采用正面侧入或侧上正入的方式入户，进入二楼正门后，通过堂屋

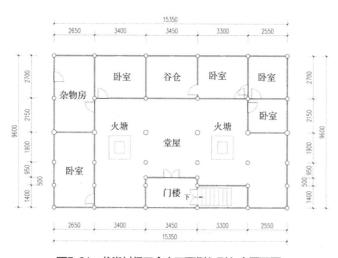

图5-21　龙脊村侯玉金宅正面侧入型入户平面图

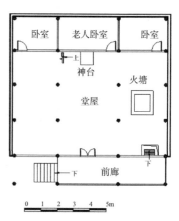

图5-22　前堂后室型平面图
（来源：广西大学建071测绘）

和两侧相通的火塘间及梢间来组织交通，进入各卧室和其他辅助房间（图5-22）。

这种平面格局比较常见的是三开间（堂屋及两侧火塘间）五进深（门廊、堂屋占三进深、卧室）的形式，较大的家族需要增建火塘则扩至五开间。分家后，如果另有土地则在它处新建住宅，如果土地条件允许，也有分家后在横向增建相同单元的形式以达成家族的聚居，这种情况在壮族地区并不多见，目前仅在西林地区见到家族分家后紧贴在一起，各自拥有各自的堂屋、火塘和卧室，只是入口共用一个楼梯一条通廊，谓之干栏"长屋"。不管是长屋的单元复制模式，还是住宅单体的加开间模式，火塘在壮族民居中仍然是代表一个家庭的主要标识，一个火塘代表一个完整的家庭，有几个火塘就有几个家庭。这种平面中，堂屋因其正中设置神位而成为主要的礼仪空间，重大的祭祀等活动在堂屋中进行；而日常的社会交往以及生活还是围绕着火塘来展开的，火塘的重要性非同一般。随着家庭人口和使用需求的增加，桂西北山区壮居的前堂后室格局根据地形条件还产生了辅房包围式（图5-23）的平面形态。

前堂后室型壮族干栏是广西地区较为古老的干栏建筑形式，侧上的楼梯以及堂屋与火塘的全开敞设置反映了壮族民居对于山地地形的巧妙利用，以及受汉族"居中为尊"思想的影响较少，更多地体现出民族性格中的自由与开放，是广西壮族地区原生干栏住宅平面的典型代表。

2．一明两暗型

"一明两暗"型平面即指：入户之后堂屋居中，两侧为寝卧空间，火塘（厨房）位于堂屋一侧或堂屋之后的正中开间或侧间，也有脱离主体住宅之外旁置的做法。这

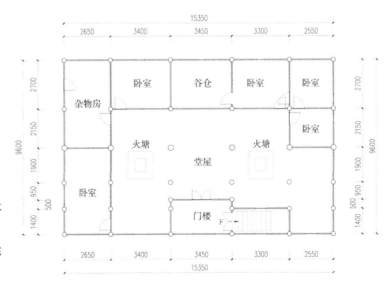

图5-23　辅房包围式平面图

（来源：广西大学土木学院建071测绘）

种平面形式强调轴线关系，堂屋居中的尊崇地位非常明显，显然是受到汉族礼制思想的影响。桂西北干栏区采用此种平面形式的壮族民居主要在西林地区的壮寨之中。这一地区民居"一明两暗"平面格局的特点是：仍然采用底层架空，侧面入户的干栏建筑形式；火塘多位于堂屋一侧，部分民居中火塘与堂屋并无隔断，尚保留了某些前堂后室平面的特点（图5-24）。在西林那岩村中，多个民居的火塘（厨房）位置均有所不同，但基本没有火塘设于堂屋之后的做法，这种火塘位置的诸多变化可视为因传统习俗与汉文化观念的长期较量而产生的（图5-25、图5-26）。

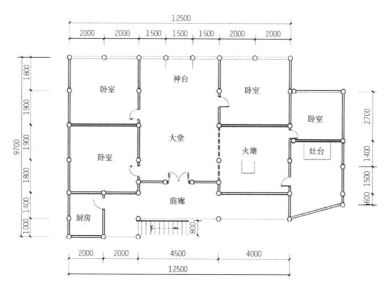

图5-24　西林壮居一明两暗型住宅平面图

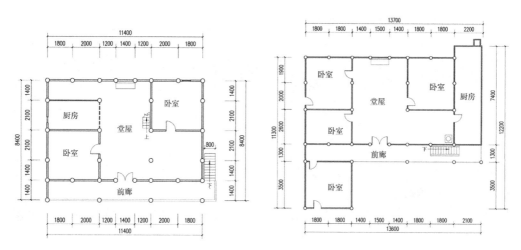

图5-25　火塘在平面中的多种位置

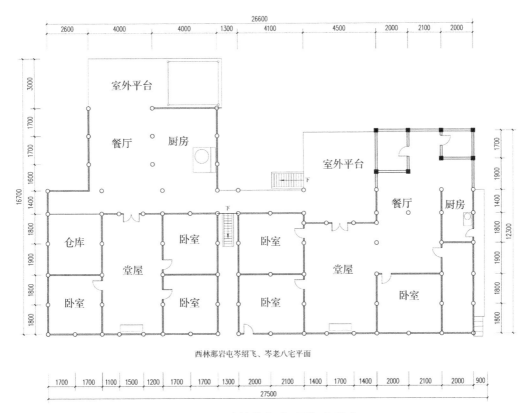

西林那岩屯岑绍飞、岑老八宅平面

图5-26　家族分家后平面组合形式

（来源：广西大学土木学院建061测绘）

在桂西北西林地区壮族聚居的那岩村，前堂后室与一明两暗两种干栏建筑形式同时存在，据村民口述，其中一明两暗的平面格局是近代改造而成，可见此种形式是汉化后的次生形态干栏。

5.2.2　结构特点

桂西北干栏区民居主要的结构形式是采用穿斗构架。其穿斗构架从柱、穿枋组合方式来看，主要有以下几种形制。

5.2.2.1　穿斗架——减枋跑马瓜（每瓜穿两枋型）

桂西北干栏区的木构干栏是壮族民居中木构技术最为成熟的，采用穿斗式结构中的减枋跑马瓜形式（图5-27），各瓜承接檩条，瓜柱之间穿两枋，各落地柱之间4步水居多，也有5步水的设计，以保证后部卧室有足够进深（一柱3～4瓜），中柱较其

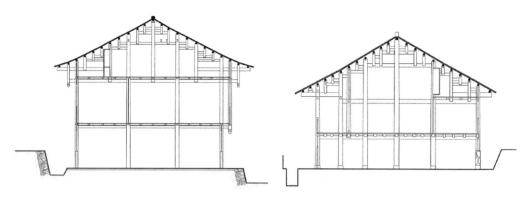

图5-27 龙脊村民居木构架形式

他落地柱要粗。瓜长一律减短并规格基本一致，各层穿枋亦不必通穿。[1]这种做法较为节省木材，构件规格一致，也方便制作，由于大量使用短瓜柱和短穿枋，其内部空间高大，利用率高，同时，其结构稳定性不如前述两种做法，因此这种排架对于木材加工工艺以及材料受力尺寸的经验把握等要求均较高。穿枋厚度很薄，高度较高，充分发挥了该构件的抗弯性能，通长的一串、大串、二串截面较其他穿枋要高，可以看出，不同重要程度的结构构件用材颇为讲究，在力学上也尽可能做到合理。这种构架非常节省木材，结构受力简单明确，空间通透轻盈，上部阁楼空间利用率也较高。

桂北龙脊壮族民居的山面采用歇山的做法，与当地的苗寨、侗寨、瑶寨相似，这种做法仅在桂西北的壮寨中存在，应该是壮族与当地其他少数民族互相学习、交流而发展的建筑形式。龙脊民居的屋顶多有升起和起翘做法，线条优美。龙脊的干栏建筑，进深浅、面宽大，高大、气派、美观，结构耐久性和强度都很可靠（图5-28）。

5.2.2.2 穿斗架——减枋跑马瓜（每瓜穿三枋型）

桂西北西林地区的壮族民居也是采用减枋跑马瓜形式的穿斗构架，但是其每瓜穿三枋，显得穿枋较密（图5-29），相较龙胜龙脊地区的壮族民居，较为浪费木材，结构不如龙脊民居那么轻盈、简洁，三层阁楼空间的利用率也有所降低（图5-30）。

比较广西各地区干栏民居的穿斗构架，可以发现，越是木结构技术发达的地区，其柱子用材越细，穿枋密度越低，瓜柱数量越多，各落地柱之间跨度越大，结构构件的尺寸形状越趋于受力合理，用材越节省，空间也越高大、开阔（图5-31）。

---

❶ 孙大章. 中国民居研究. 北京：中国建筑工业出版社，2004：322.

图5-28　龙脊村民居风貌

图5-29　西林那岩屯民居建筑构架

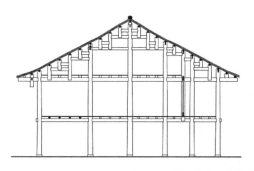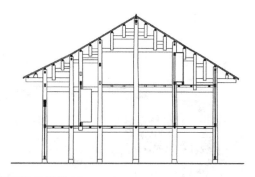

图5-30　龙胜龙脊村民居建筑构架

图5-31　穿斗构架之美

5.2.3　民居立面

壮族干栏民居的立面简单朴实，竖向空间的组合也灵活自由，能适应复杂的地形。干栏式壮族民居一般分为三层，也就是垂直的三段组合：底层是架空层，或完全架空，或用木板、竹条、夯土以及片石围合成通风性能良好的空间；二层是居住层，经济条件较好，木材加工技术高的地区采用屏风墙的立面形式，比如龙脊地区（图5-32）；顶层多为阁楼，多开敞通透，以利屋内通风、排烟。建筑开窗以横向长窗居多，加之前檐多有通廊，形成丰富的虚实关系。建筑色彩上，由于木材历久后呈棕褐色，屋顶多为青灰色，整个建筑色彩自然、古雅，与周边环境极为协调。屋顶多为悬山，也有地区以歇山或者小披檐来丰富山面，出檐深远。建筑单体以对称形态为主，又不拘于严整对称的格局，低矮稳重，轻巧通透、空灵，跃然山间，浑然天成。

在群体外部空间造型上，木构干栏建筑多数户紧贴形成水平方向的重复序列，屋檐高度相仿，顺着起伏的等高线形成长长的屋檐轮廓，层叠而富于变化。垂直方向的檐柱形成密密麻麻的柱列，富于韵律。

由于木构干栏建筑木材细小，且柱身多为通榫穿透，为了不损伤其承载能力，故穿斗架的构件皆为原木，雕饰较少。同时，穿斗架的结构方法也没有节点加强辅件，如替木、角背、撑木、雀替等，因此也无艺术加工的余地，所以整体简洁轻快，充满结构美。但壮族人民同样爱美，其装饰主要集中在屋脊、柱础、瓜柱头、门窗等构件细部上。

图5-32　龙脊干栏

5.3　桂西及桂西南干栏区壮族民居

5.3.1　平面特色

5.3.1.1　入户方式

正面侧入型（图5-33）的入户方式在桂西及桂西南干栏区的壮族民居中是主流。它与桂西北区的不同在于：底层楼梯是完全暴露在屋檐之下，并不像桂西北地区需要通过底层入户门进入封闭的架空层才可到达；二层以开敞的通廊代替了较为封闭的门楼。通过檐下的入户楼梯侧上进入到二楼通廊，再从通廊转90°进入堂屋大门。这种开敞与封闭的区别，其主要原因还是在于桂西北与桂西南地域的气候差异，桂西北地区冬季较为寒冷，且雨水较多，因此在入口设计上更多地考虑了遮风避雨；相反桂西及桂西南地区，常年气温较高，日晒强烈，且降水较少，因而更多地考虑建筑的通风与透气。

5.3.1.2　平面格局

桂西及桂西南干栏区的壮族民居多采用"前堂后室"型平面格局（图5-34）。它与桂西北干栏区民居平面的格局非常近似，其主要区别在于进深尺寸上。桂西北民居进深多在9～10m，常采用三开间五进深的长宽比例，正面宽而侧面窄；而桂西及桂西南的民居进深多在13米左右，多采用三开间七进深的比例关系，正面窄、侧面宽。这种建筑形体与该地域的炎热气候有关，在长期的历史过程中成为民居的重要文化

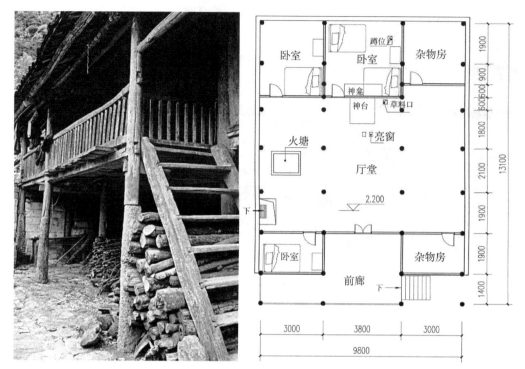

图5-33 桂西及桂西南壮族民居正面侧入型入户方式

图5-34 前堂后室型平面图

（来源：广西大学土木学院建071测绘）

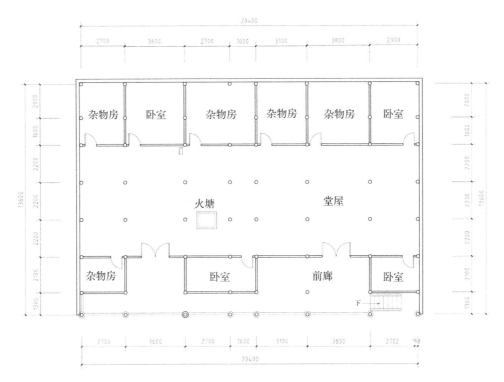

图5-35　卧室前置式平面图

（来源：广西大学土木学院建071测绘）

特征。此外，民居根据各自用地条件的不同在进深方向扩展，还产生了卧室前置式（图5-35）的平面变体。

5.3.2　结构特点

桂西及桂西南干栏区民居主要的结构特点是下部支撑部分采用穿斗构架，而屋顶部分普遍采用大叉手斜梁承托檩条。先进的力学体系与原始的结构形式矛盾地结合在一起，反映出传统习俗的延续，以及该区域木构技术相对落后的情况。其穿斗构架从柱、穿枋组合方式来看，主要有以下几种形制：

5.3.2.1　穿斗架——满枋满瓜

满枋满瓜即以瓜柱代替部分立柱，但各瓜柱柱脚皆落在最下一层穿枋（大串）上，穿枋满穿各瓜柱。❶位于百色德靖台地的那坡达文屯的壮族民居大都采用此种做法（图5-36）。这种做法，瓜柱较长，且各瓜长短不一，既耗费较多木材，构件规格

---

❶ 孙大章. 中国民居研究. 北京：中国建筑工业出版社，2004：322.

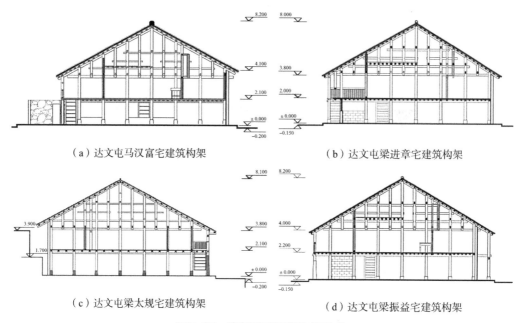

（a）达文屯马汉富宅建筑构架　　　　　　　　（b）达文屯梁进章宅建筑构架

（c）达文屯梁太规宅建筑构架　　　　　　　　（d）达文屯梁振益宅建筑构架

图5-36　满枋满瓜建筑构架形式

（来源：广西大学土木学院建071测绘）

也较复杂，并且由于瓜柱和穿枋较密，阁楼空间使用起来不方便，但是这种结构较为牢固。

5.3.2.2　穿斗架——满枋跑马瓜

满枋跑马瓜即瓜柱长短一致，每瓜至少交三枋，排架满穿各枋，一枋不省。❶这种做法同样较为牢固，而且瓜柱规格一致也给制作带来方便，但同样也比较废材，而且过密的穿枋也有导致阁楼空间使用不便的问题，因此，在很多民居中仅把位于山面的两榀构架做成此种形式，而房屋内部各榀均断开或取消贯通穿枋，以节省木材，并提高阁楼空间利用率。例如，龙州县金龙镇板梯村那旁屯的壮族民居，就是在山墙面采用满枋跑马瓜的形式，以利于建筑挡风遮雨，外部也较为美观，而在室内则大量减枋、断枋，方便空间利用（图5-37）。

5.3.2.3　大叉手屋架

桂西及桂西南壮族干栏民居屋顶结构一般采用大叉手斜梁结合下部穿斗式梁柱构架，其结合方式主要有两种。

---

❶ 孙大章. 中国民居研究. 北京：中国建筑工业出版社，2004：322.

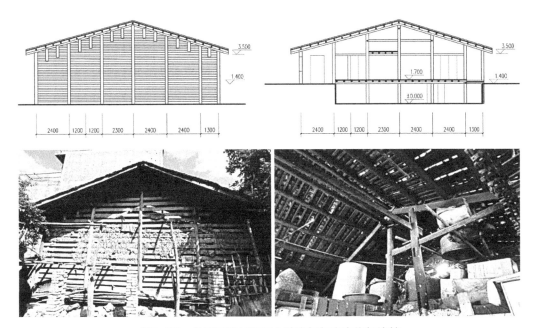

图5-37　龙州板梯村民居山墙构架与室内构架比较

1. 各柱不对各檩

即除脊檩外，各柱顶、瓜柱顶与檩条位置不相对应（图5-38），下部的支撑力直接传给斜梁，再由斜梁统一承接各檩条。这种方式在桂西南龙州地区、桂西德靖台地的那坡地区较为常见。这种构架体系中，檩条的重力经由斜梁分散再传递给各竖向承重构件（各柱、各瓜），受力关系不明确，力量传导不直接，这种屋架方式体现出壮族民居较为原始的一面（图5-39）。

（1）大叉手的屋顶构架方式是一种原始的屋顶搭建方式，在较为落后的边远山区，由于信息的闭塞，技术工艺传播的阻碍，仍然被保留至今。

图5-38　各柱顶与檩条不对位

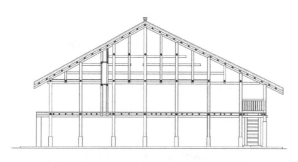

图5-39　桂西达文屯民居大叉手屋架

（2）由于各柱、各瓜柱与檩条直接榫接对于木材的加工工艺以及搭建的精度要求较高，当地的木工师傅在技术上仍然相对落后，因而不能完成此工艺。

（3）由于这些地区木材较为匮乏，通长的檩条很难寻觅，因此采用大叉手的屋架方式，通过斜梁来搭接檩条，可以保证整个屋架的刚度。

2. 各柱对各檩

这种构架形式仍然采用交叉的斜梁，但是檩条的位置与各柱及各瓜顶对齐，但是檩条依然是搁置在斜梁之上，通过在斜梁上钉木条来固定位置。部分壮族民居中保留有此种方式的屋架结构（图5-40）。这种屋架结构的受力传导还是比较清晰的，斜梁的加入省去了榫口的复杂工艺，同时也能保证屋架的强度，应该是大叉手式向穿斗式构架发展过程中的中间形态。

在民居的构成元素中，建筑构架形式通常比入户方式、平面形制更难发生演变。因为一方面它无关乎礼制，形成习惯后较难改变；另一方面，一些山区的壮寨交通闭塞，信息传播不便，加上木材资源不足、族群人口较少、工匠缺乏等原因，无法进行建筑技术上的革新，因循守旧成为历史的必然。因此，在族群分散、木材匮乏的桂西、桂西南石山地区，大叉手的屋架形式较为常见，虽然这种做法并不节约木材；而在族群人口集中、木材资源丰富的桂西北、桂北山区，壮侗苗瑶各族群工匠相互交流、学习频繁，结构工艺不断革新，最终成为木构技术最为高超的壮族聚居地区。

图5-40　各柱对各檩大叉手屋架

5.3.3　民居立面

桂西及桂西南的壮族干栏民居是形态原始、立面朴素的典型。又由于该地区经济、技术相对落后，木构装饰技术几无发展，因此形成了绝少装饰、建材原始自然、不拘一格的立面特征，其民居正面墙体多用厚15~20mm、宽100~250mm的木板拼接相连而成，有竖向拼接，也有横向拼接，比如那坡、龙州等地的壮族干栏（图5-41）；而建筑两侧墙多用木骨泥墙（图5-42），对于东西晒与建筑之间的防火有较好的防护作用。

桂西南民居相较桂西北民居显得更为低矮而通透，外檐出挑深远而使得外部通廊看起来尤为低矮，这能形成阴凉的檐下空间。底部架空层正面多不封闭，楼梯直接暴露在外。建筑正面的通廊一般占据整个檐面宽度，提供了宽敞的外部活动空间。支撑外廊的檐柱通常有高脚石质柱础，既能防雨防潮，又为正立面增加了几分原始朴素的质感。

图5-41　龙州与那坡干栏建筑正立面

图5-42　木骨泥墙山墙面

5.4　桂中西部次生干栏区壮族民居

广西的地居式民居主要有本土地面化的干栏建筑和汉化地居两种主要类型。第一种类型广泛分布于桂西北、桂西、桂西北等壮族聚居地，其平面格局、建筑构架形式以及建筑立面仍然保留着传统干栏建筑的某些特点，它可定义为广西干栏民居的次生形式——干栏地面化的地居形式。在桂西各地，各种类型的干栏建筑形式层出不穷，干栏建筑地面化也随地域不同而呈现出不同的演变过程模式。由于民居发展变化是由诸多因素共同作用的影响，演化模式只是根据建筑发展的合理逻辑对干栏地面化过程进行总结，实际情况中完全可能出现跳跃式的演化。

5.4.1　平面特色

5.4.1.1　入户方式

桂西中部次生干栏区的壮族民居多位于平原河谷地区或者浅丘地带，由于地形条件的许可，以及受到汉文化传播的影响，其民居入户方式多采用正面直入型。

正面直入型是指入户楼梯位于住宅前面正中，正对堂屋大门，并与堂屋后墙的神位对中。入户流线与堂屋中轴线重叠，堂屋"居中为尊"的观念明确，显然是受到汉族礼制思想的影响。这种入户方式占用了更多的进深空间，在山区并不是一种节地的做法，因此入户楼梯通常坡度较陡，使用起来并不方便，但礼制的思想在这类民居中显然占了上风。采用这种入户方式的壮族村寨主要分布在桂中各大江河流域附近或者城市近郊，例如百色德保县城附近那雷屯的壮族干栏就是采用这种入户方式（图5-43）。可见，在汉文化发达、信息交通方便的地区，汉族礼制观念对壮族民居的

图5-43　正面直入型入户

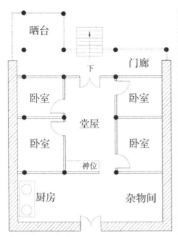

图5-44　德保那雷屯赵恒钟宅入户方式

影响较大。此外，正面直入的入户方式多与住宅平面的一明两暗形制、建筑结构中的夯土、砖墙承重等方式同时出现，可推断汉族礼制观念与建筑技术的输入具有同时性。

5.4.1.2　平面格局

桂中西部次生干栏区的壮族民居一般采用一明两暗的平面格局。入户之后堂屋居中，两侧为寝卧空间，火塘（厨房）位于堂屋之后的正中开间或侧间（图5-44）。这种平面形式强调轴线关系，堂屋居中的尊崇地位非常明显，显然是受到汉族礼制思想的影响。

平面通常为三开间，五进深。堂屋一般为一个开间宽，中部通高。两侧的卧室与堂屋之间均有隔断，隔断通常为一层高，卧室上部阁楼空间开敞并可储物。因此这种平面封闭性较强，堂屋空间较为局促。这种平面格局很少出现多个火塘，家族分家多新建一个完整单元，火塘的重要性被削弱，并逐步向厨房转变，以火塘为生活中心的民族传统习俗也因此逐渐消失。

一明两暗型壮族干栏主要分布在桂中左右江流域城镇附近的农村地区，从它的分布情况可以看出毗邻城镇附近的壮族民居受汉文化影响较深，平面形式上与汉族传统住宅相近。一明两暗的平面形制为居住者提供了更为清晰的室内功能分区，以及更具私密性的空间，这与现代生活观念的需求是一致的。因此，也不能把一明两暗型平面的出现都笼统归结于汉化的影响，生活观念的时代变化也是重要的推动因素之一。

5.4.2　结构特点

桂中西部次生干栏区的壮族民居，由于大量采用砖石与夯土、泥砖筑造山墙，其

图5-45　砖柱、墙体结合穿斗构架

结构具有混合承重的特点。通常屋脊以及房屋中部的排架仍采用穿斗构架，而两侧山面则用砖墙或者夯土墙承重。

这种做法既能节省木材，又能利用砖柱墙、夯土墙防火、防蛀、防水性能较好的优点，就近取材，还经济便宜。但这种混合结构的建筑形式，其屋架部分与下部承重柱子、墙体的交接都是以搭接为主，不像全木穿斗结构是以榫卯连接形成整体框架，因此其整体性不佳，对于抗震不利（图5-45）。

5.4.3　民居立面

桂中西部的次生干栏民居多采用夯土、泥砖筑墙，墙体厚重，开窗受到生土结构性能的限制，通常都较小，显得比木构干栏建筑要封闭；由于建筑主要生活面为一、二楼甚至三楼，在二楼或者三楼多有挑出的木结构大晒台（类似阳台），以满足壮族农家日常晾晒的需要，有时晾晒空间不足，晒台甚至延伸到东西侧；从山墙面看，建筑各层开有规则小窗，立面的虚实关系非常强烈，整体体量显得比木构干栏建筑要高耸。就单体而言，夯土地居民居比木构干栏民居要高大、厚重。由于生土防潮性能较差，生土建筑底部通常设有50~60cm高的基座，有用片石砌筑，也有用水泥等做法。屋顶多为悬山，出檐深远，以保护墙面。

在群体外部空间造型上，由于夯土、泥砖地居建筑多各户分离，不似木构干栏建筑那样数户紧贴，形成水平方向的重复序列，隐伏于环境之中，而夯土建筑多为垂直

图5-46　生土壮族民居

向发展的高大体量、鲜明的颜色，在青山绿水中分外明显。虽然，夯土的颜色鲜艳，但由于生土多就地取材，掺杂了一些碎石而显得斑斑驳驳，又由于分层夯筑的原因，土壤色彩的细微变化都在建筑体上反映出来，仍然能感受到建筑与环境的协调统一，特别是搭配金黄的梯田与部分裸露的黄土地时，一种土生土长的建筑意味愈加浓厚。

　　生土地居建筑简朴自然，绝少装饰，木结构屋顶和檐下基本上和木构干栏建筑的装饰类似。室内墙壁也不做粉刷，露出夯土粗犷原始的肌理，一楼多用素土地面，二楼以上是木质楼板（图5-46）。

5.5　桂东地居区壮族民居

　　桂东汉化地居式民居与干栏式民居的主要区别有以下几个方面：一、汉化地居式民居广泛采用砖石、夯土等材料作为承重墙体和维护结构，屋顶保留木结构坡屋顶形式，大量减少了木材的使用；二、从楼居转为地居，从人上畜下共处一楼的垂直分区，发展为人畜分离的平面分区；三、平面模式除了简单的矩形平面，还发展了带两厢、井院的复杂合院模式。

曹劲在《先秦两汉岭南建筑研究》一书中认为，自石器时代起，岭南地区的原始居住形式即有巢居和洞穴居两种类型。巢居发展为干栏，而洞穴居则发展为半地穴居，再发展为木骨泥墙地居。到了青铜时代，岭南地区"滨水干栏、坡地干栏和红烧土居住面的木骨泥墙房屋仍是这一时期的主要居住形式，它们的形成与地域特质密切相关，带有浓郁的自然抉择色彩，在岭南有悠长的生命力，尤其是干栏建筑，更因其适应地域的种种优势，一直是先民乐于采用的建筑样式，历久而不衰"❶。秦代以来，始皇帝用武力打开了岭南地区文化交流的通道，建立了南越国，汉越文化开始了频繁的交流与融合。及至汉代，从岭南地区汉墓出土的大量陶屋形式（图5-47）来看，随着汉文化的传播，岭南地区的传统建筑形式发生了明显的变化。

壮族人学习了汉人制砖制瓦的技术，其屋顶不再都是周去非《岭外代答》中所录的"编竹苫茅为两重"，而是采用了铺瓦的双坡屋顶。砖石取代木骨泥墙成为地居建筑主要的承重和维护结构材料。地居式建筑种类渐趋丰富，出现了曲尺式、三合式、楼阁式等地居建筑形式。这些形式与岭南地区原有的地居建筑传统相结合，形成了岭南地域新的地居建筑传统。

图5-47　汉墓出土地居式陶屋

❶ 曹劲. 先秦两汉岭南建筑研究. 北京：科学出版社，2009：162.

由于汉族的地居式建筑无论从质量、工艺，还是美观等角度看，都明显优于原始的壮族地居建筑，在汉文化强势地区如桂东北、桂东、桂东南等地，当地壮民广泛采用汉族民居形式，其建筑形制已完全汉化，与当地汉族民居无异。由于广西地域内壮族与汉族人口分布的特点是西部多壮族，东部多汉族，因此，西部的干栏建筑及其向地面转化的次生形式仍然是广西壮族传统民居的主流，而东部的汉化地居形式主要是汉人及杂居在汉人聚居区的壮族人采用。虽然东部的汉族中有不少亦是岭南化的汉人，多有百越血统，但从建筑文化的角度，在本书中仍然视其为壮族传统民居建筑中的少数。

5.5.1　平面特色

5.5.1.1　入户方式

广西壮族的汉化地居式民居，较有特色的主要集中在桂东和桂东北地区，以广府形式居多，亦有湘赣建筑风格。典型的代表是阳朔朗梓村、龙潭村以及金秀龙屯屯。由于建筑主要生活面都在地面一层，其入户方式皆为地面直入。

5.5.1.2　平面格局

1. 一明两暗

这是最基本的地居式民居形态，堂屋居中，两侧为寝卧空间（图5-48）。当人丁增加时，在横向上可向左右延长开间数，由三开间增加至五开间，或由两个三开间单元横向连接，形成六开间的房屋。❶

桂东壮族的地居式民居，基本上左右对称，堂屋位于住宅正中心，与正门、神位三点一线，可见受汉族"居中为尊"的思想影响颇深。卧室位于堂屋的两侧，空间比干栏民居中的卧室有所加大，采光也更好。楼梯通常设置在堂屋正壁的背面，位置较隐秘，楼上多为储藏空间。厨房取代了传统的火塘，通常设置在堂屋之后，它与屋后的空地联系起来，成为生活后勤服务的中心。牲畜棚、厕所及杂物间等布置在住宅之外的附属用房中，这种干湿分区的做法也比传统干栏建筑要卫生、干净。

2. 三间两廊

"三间两廊"由"一明两暗"加以天井和两侧的厢房构成，在广府地区，这样的"三合天井式"民居被称为"三间两廊"。所谓三间，即明间的厅堂和两侧次间的居室，两侧厢房为廊，一般右廊开门与街道相通，为门房，左廊则多用作厨房。三间两

---

❶ 蔡凌. 侗族聚居区的传统村落与建筑. 北京：中国建筑工业出版社，2007：144.

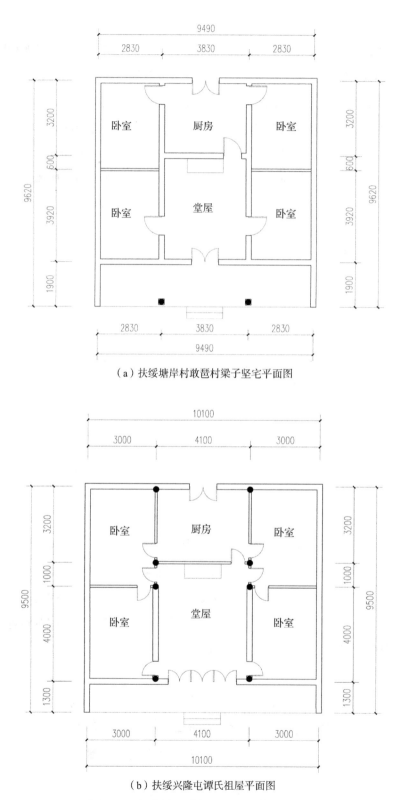

（a）扶绥塘岸村敢邑村梁子坚宅平面图

（b）扶绥兴隆屯谭氏祖屋平面图

图5-48　汉化地居式民居一明两暗平面形制

廊的模式在粤中农村广为流行，是广府式民居建筑的基本形制。粤中地区由于人口密度较大，且封建社会后期广府地区较早接纳了西方资本主义的商品经济意识，大家庭普遍解体，儿子成年即分家，核心家庭成为社会的基层细胞。因此，粤中地区的三间两廊多居住单个家庭，其单元规模比湘赣式民居的三合天井要小，有些地区天井的深度甚至只有1m左右，更像是堂屋里采光用的天窗，正堂当然也就无需对天井设门。粤中地区的三间两廊通常只有四间房，而湘赣民居的三合天井一般都有6~7间居室，适合三代同堂。

广西的广府式民居，聚落的结构也多不像梳式布局那么严整，空间的发散性也表现得相当明显。大多数聚落不再采用梳式布局，而是采取了更为适应自然环境的布置方式。因而，与粤中典型聚落相比，广西广府民系聚落的布局更为自由，空间的处理和组织也更加灵活。作为聚落基本单位的三间两廊，其规模也显得较大。金秀龙屯屯92号宅（图5-49）为两兄弟联宅，前后两进三间两廊均侧面朝东开门，与大门隔天井相对的是厨房。正堂前有较深的凹入式门斗，这样两侧的卧室得以朝门斗开窗采光。由于进深较大，两侧间得以分为四个房间，据该村年长者介绍，东南角的一间为长子专用，老人则多住在靠近神台的左右两间。

三间两廊在天井前加建前屋，就构成四合天井式，这样的模式更加适合农具、杂物较多的农村地区。如金秀龙屯屯40号宅（图5-50），在天井前设置有门屋，大门开在正中，两侧除了厢房外，还有两间杂物房。在四合天井的基础上横向添加辅助性房屋，则能满足更多加工、储藏和

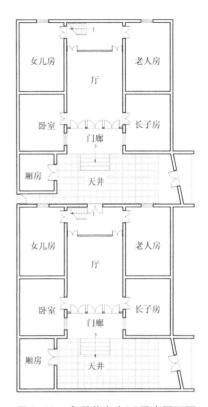

图5-49 金秀龙屯屯92号宅平面图

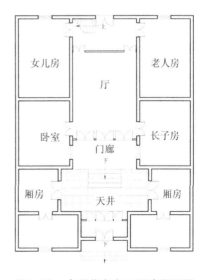

图5-50 金秀龙屯屯40号宅平面图

居住等方面的功能需求。如阳朔龙潭村53号宅（图5-51），在主体四合天井东、南两侧安排了辅房和两个天井，宅院的前后门都开在辅房上，避免了对核心居住区域的干扰。

多个三间两廊的单元南北向拼接，间隔以巷道则形成多进护厝式大型宅院。广西的广府式府第多设有横屋。

金秀龙屯屯的梁书科宅（图5-52），也是设有横屋的三进宅第，不同的是分属三

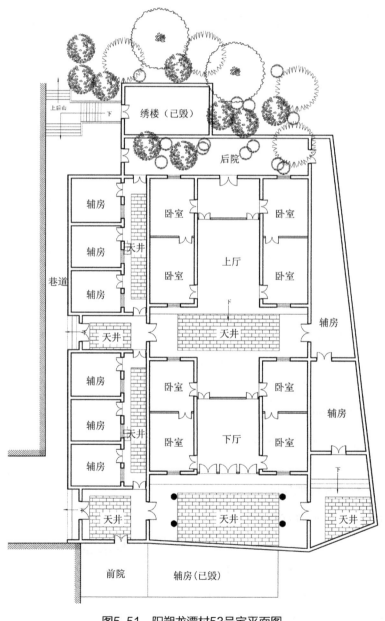

图5-51　阳朔龙潭村53号宅平面图

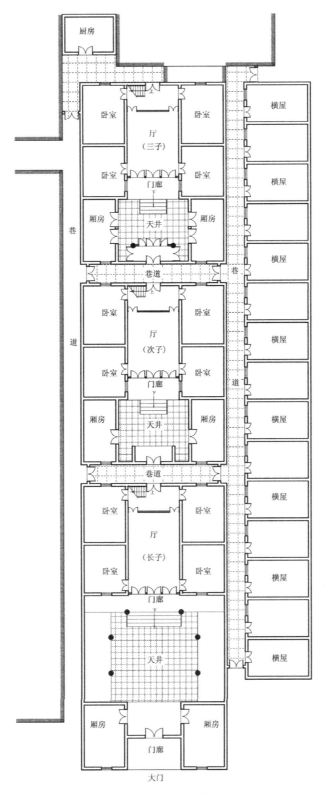

图5-52 金秀龙屯屯梁书科宅平面图

兄弟的主体三进建筑，并非紧贴相连，而是通过每两进之间的巷道相连，这使得每进宅第都拥有前后大门和门廊等建筑空间，显示出封建社会后期，大家族趋向解体而更加重视单个家庭的完整性。

阳朔朗梓村覃家大院（图5-53），住宅与家族祠堂联系在一起，正中是两进院落的主体住宅，东侧是祠堂大院，西侧是横屋，它们与主体之间都隔以狭长天井。

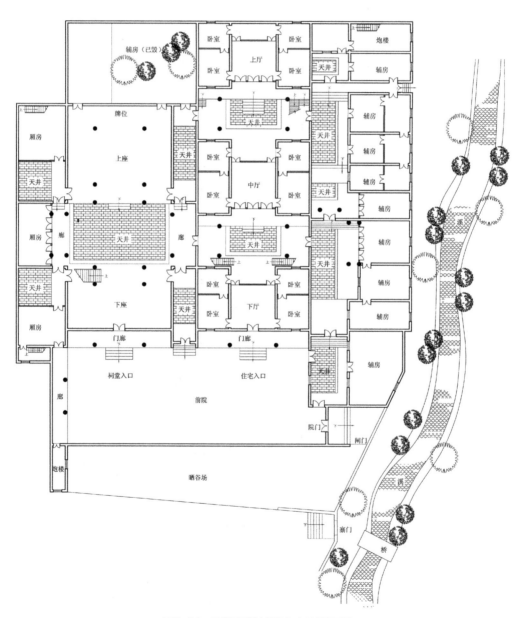

图5-53　阳朔朗梓村覃家大院平面图

3. 街屋

街屋即集市、城镇地区位于街道两旁商住两用的民宅。广西的水运自古以来就很发达，溯江而上过来做生意的广东商人颇多。他们在繁荣了许多水道集镇的同时，也带来了广府的建筑风格，为当地的壮族人所学习模仿。

街屋的原形应该是竹筒屋。竹筒屋大多为单开间民居，在广东地区则被称为"直头屋"。其平面特点在于每户面宽较窄，常为4m左右，进深则视地形长短而定，通常短则7~8m，长则12~20m。平面布局犹如一节节的竹子，故称为"竹筒屋"。关于广东"竹筒屋"的形成，陆琦先生认为，"粤中地区人多地少，地价昂贵，尤其城镇居民住宅用地只能向纵深发展。同时，当地气候炎热潮湿，竹筒屋的通风、采光、排水、交通可以依靠开敞的厅堂和天井、廊道得到解决。"❶

在广西，由于历史上街镇多为汉族占据，居于其中的壮族自然受到汉族文化的影响，沿袭了汉人的居住方式。桂西南龙州上金乡旧街，位于左江旁，交通便利使其在清朝成为周边居民互市的集镇。整条街道被分为三段规划，呈鱼形，鱼头朝向江面。街屋围绕着两个梭形广场布置，因此每间街屋的正面较窄而背面稍宽、呈扇形，这种用地划分的方式除了为了形成"鱼"这一形态外，风水里"内阔外狭者名为蟹穴屋，则丰衣足食也"的说法应对其有较大影响。该村街屋均有20~30m深，因此设有1~2个天井，前店而后宅，有些为前店后坊，居住则在阁楼解决（图5-54）。桂南扶绥龙头乡的兴隆古街，始建于乾隆十一年（1746年），因有水运码头临左江而兴旺起来，成为当地重要圩镇。广府人溯水而上来此做生意，也影响了当地壮族的建筑风格。虽然圩镇已然没落，现在仍遗留有数十座清代广府建筑风格的民宅。建筑多为一明两暗的平面形制，占地进深较大的民宅分前后两进，中间设有天井，两侧是围墙与邻里相隔（图5-55）。

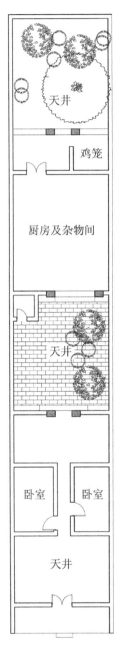

图5-54　龙州上金乡中山村54号街屋平面图

天井

鸡笼

厨房及杂物间

天井

卧室　　卧室

天井

❶　陆琦. 广东民居. 北京：中国建筑工业出版社，2008：67.

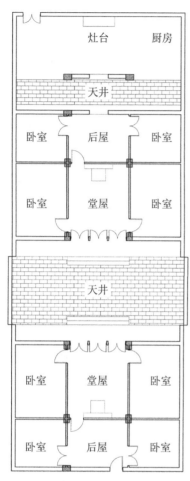

图5-55　扶绥龙头乡兴隆屯99号街屋平面图

5.5.2　结构特点

5.5.2.1　硬山搁檩

硬山搁檩,在桂东壮族地居式民居中大量存在,可以说是分布范围最广、数量最多的一种地居式民居的建筑结构做法。这种做法是将民居各开间横向承重墙的上部按屋顶要求的坡度砌筑成三角形(通常为阶梯状),在横墙上搭木质檩条,然后铺放椽皮,再铺瓦。这种方法将屋架省略,构造简单、施工方便、造价低,适用于开间较小的房屋,一般多常见于农村。檩条一般用杉木原木,檩条的斜距不得超过1.2m,通常在60～80cm。木檩条与墙体交接段应进行防腐处理,常用方法是在山墙上垫一层防腐卷材,并在檩条端部涂刷防腐剂。

常见的一明两暗的壮族地居式民居,一般三个开间,四面横墙皆升起,檩条在各横墙顶部做搭接处理。承重横墙常见的建材主要是夯土、泥砖以及青、红砖。硬山搁檩的民居由于以檩条兼做梁之用,开间一般不大,室内空间也较为局促,与当地的汉族地居式民居结构无异(图5-56)。

图5-56　硬山搁檩屋架

5.5.2.2　插梁式

我国地域宽广，木结构的建筑体系虽然被大略分为北抬梁、南穿斗，但各地匠师传承不同，发展进化各异，所造成木结构技术的各种形制不是用抬梁和穿斗就能予以廓清的。孙大章先生根据南方大型民居厅堂和宗祠等重要建筑的梁架结构特点，总结出"插梁式"这一结合了穿斗抬梁两种特点的梁架形式。"插梁式构架的结构特点即是承重梁的梁端插入柱身，与抬梁式的承重梁顶在柱头上不同，与穿斗架的檩条顶在柱头上、柱间无承重梁、仅有拉结用的穿枋的形式也不同。具体讲，即是组成屋面的每一根檩条下皆有一柱（前后檐柱及中柱或瓜柱），每一瓜柱骑在（或压在）下面的梁上，而梁端插入临近两端的瓜柱柱身。顺次类推，最外端两瓜柱骑在最下端的大梁上，大梁两端插入前后檐柱柱身。插梁架兼有抬梁与穿斗的特点：它以梁承重传递应力，是抬梁的原则；而檩条直接压在柱头上，瓜柱骑在下部梁上，又有穿斗的特色，但它又没有通长的穿枋，其施工方法也与抬梁相似，是分件现场组装而成。"[1]传统壮族干栏中都是穿斗构架的做法，插梁式构架只在桂东地区的汉化地居式建筑中较为常见（图5-57）。

图5-57　插梁式屋架

---

❶ 孙大章. 中国民居研究. 北京：中国建筑工业出版社，2004：322.

5.5.3 民居立面

壮族汉化地居式建筑多以青砖为墙，广府风格与湘赣风格皆有（图5-58）。

广府建筑的造型要素主要是清水砖的山墙和门楼门廊等，但镬耳山墙的独特造型以及广泛使用凹入的门斗、门廊使得单体建筑的形象更像是主体部分被墙体"夹"在其中。同时，广府式建筑的屋顶脊饰通常都做得十分夸张、醒目和通透，因此，建筑整体显得较为轻巧。

湘赣式民居，从建筑单体上来看，其天际线就是以马头墙或人字山墙以及瓦檐作为收束，墙体则大部分不抹灰，露出清砖，基底勒脚则采用石材或卵石砌成。建筑的高度基本以一、二层为主而差别不大。聚落就以这样具有高度统一性的单体所组成，为了顺应地形和具体功能变化的要求，统一中又蕴含无穷的变化。由于墙体是造型最主要组成的部分，山墙和墙上的入口就成为外部造型的主要元素。

图5-58 湘赣与广府风格的壮族地居

5.6　壮侗传统干栏民居比较研究

5.6.1　平面形制

干栏楼居是壮侗两族共同的居住方式，一般都由火塘、堂屋与卧室组成的生活起居空间，以及底部架空层、晒排与粮仓、厨房等生活辅助空间和楼梯通廊等交通辅助空间构成。火塘的主要功用是煮食与取暖，与人们的温饱产生直接联系，在某种意义上它就是家庭的代表，与家庭有关的礼仪活动也围绕火塘展开；堂屋则是在少数民族干栏建筑受到汉族文化影响后，成为与火塘并列的重要家庭公共空间；架空层最主要的功能是储藏和圈养牛、猪、鸡鸭等牲畜，是干栏民居最具特点的空间，也是这类型建筑之所以称为"干栏"的原因；通廊是干栏建筑连接室内外的过渡空间，家庭活动与接待客人通常都在通廊进行，同时，通廊还成为晾晒衣物和常用农具的存放场所。壮侗两族的干栏建筑，虽然空间的主要组成要素都相同，但各要素的组合方式却有较大区别。

5.6.1.1　侗族干栏的空间组合关系

1. 楼梯与入口位于山面

入口位于山面，应该是干栏建筑原型——巢居所使用的方式。原始的巢居，在树上的平台搭建人字棚，墙面和屋顶连为一体，剖面形态基本为三角形。三角形的中央空间为最高，成为必然的入口之处。元代马端临在《文献通考》中说："僚蛮不辨姓氏……杆栏即夷人椰盘也，制略如楼，门由侧辟……"张良皋先生对此也有大胆论断："山面开门是一切双坡屋顶建筑——包括干栏的天然趋势，在未接受窑洞建筑影响以前，中国建筑肯定会以山面为正面。"[1]虽然随着巢居朝现今的干栏建筑进行演变，墙体出现，层高增加，屋顶得以脱离地面，檐面的高度也早已满足开设大门的要求，但山面开门的方式依然保留下来，这也成为判断干栏建筑原生性的标志之一。侗族干栏建筑入口位于山面，且入户楼梯绝大部分都位于山面（图5-59）。从干栏整体的平面空间和结构体系来看，楼梯是附属于主体的空间，屋顶的

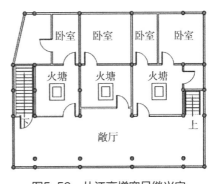

图5-59　从江高增寨吴继兴宅

（来源：陆元鼎. 中国民居建筑. 广州华南理工大学出版社，2003：1047.）

---

❶ 张良皋. 干栏——平摆着的中国建筑史. 重庆建筑大学学报（社科版），2000，04：2.

悬山无法遮挡楼梯间的雨水，因此一般都会在山墙上部增设披檐。

2. 以敞廊为过渡的起居空间布局

敞廊直接连接入户楼梯，是侗居二层生活起居的第一个空间。由于山面楼梯一般都导向前檐开门，所以敞廊通常都位于干栏正面前檐处，通面宽，1~2个柱跨的进深，是主要的迎客摆宴、休憩聊天、织布劳作的空间。之所以称其为敞廊，是因为面向檐口的一面一般仅有栏杆而不设墙板封闭，空间似隔非隔，既围合又通透，充分体现了侗民族开放性的特点。规模较小的敞廊是通面阔的直线型空间，如三江马胖村杨宅（图5-60）为三开间两柱进深。面宽较大的干栏，为了突出空间重点，在中间朝进深方向凹入，局部扩大形成三面围合状态，如黎平肇兴堂安潘云安宅（图5-61）。敞廊、火塘间、卧室是侗居起居生活空间的主要组成部分，敞廊是公共开放的空间，也是向火塘间、卧室等私密空间的过渡空间。

图5-60　三江马胖村杨宅
（来源：《广西传统建筑实录》）

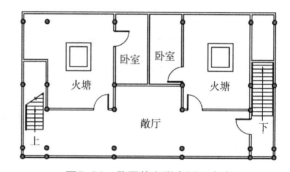

图5-61　黎平肇兴堂安潘云安宅
（来源：《广西传统建筑实录》）

5.6.1.2　壮族干栏的空间组合关系

1. 楼梯与入口位于檐面

入户大门开在檐面中央，是汉族民居普遍运用的形式，也是突出明间地位、强调宗法礼制观念的必需。受汉族文化的影响，壮族干栏建筑的大门都开在檐面。作为连接地面与生活起居空间的楼梯就不再适合设于山面，而转向于檐面设置。根据楼梯与檐口的关系，可以分为楼梯平行于檐面和楼梯垂直于檐面两种方式，在前文已有论述。

2. 以堂屋为中心的起居空间布局

对于壮族来说，堂屋是家庭中最为重要的礼仪场所。堂屋一般深2~3个柱跨，4~7m不等，为了增加进深，一些地区还将堂屋后墙向后推90cm左右，形成凹入的空间，更加强调了神台的重要性。堂屋通常通高两层，直达屋顶，后墙摆放神案和八仙桌。为方便采光，堂屋正上方的屋顶通常设置有数片明瓦，从明瓦洒下的光线也仿佛成为凡人和祖先及神明沟通的桥梁。卧室、火塘等生活空间，都是围绕堂屋展开，可分为"前堂后室"与"一明两暗"两种类型。

5.6.2　结构构架

干栏建筑的结构体系，基本都为木结构穿斗构架，根据屋面檩条承托方式的不同，可被分为叉手承檩和柱头承檩两种。原始人的巢居或栅居，屋面和墙体还未区分开来，屋架结构大概就是由粗而直的木条交叉绑扎，形成三角形的棚架，也就是早期的大叉手构架。为了扩大居住空间，大叉手屋架被抬高，架在竖向的柱子上，有了屋顶的意味，并逐渐演变为现在的叉手承檩的穿斗式结构，即屋顶的荷载通过檩条传递至叉手状的斜梁，再由斜梁下传给承重柱。早期叉手承檩的穿斗结构，由于屋面覆盖材料一般都为草、竹、树皮等较轻的材料，支撑叉手斜梁的柱一般都为落地柱。随着瓦材的广泛运用，屋面重量加大，落地柱之间普遍施以瓜柱，以减小叉手斜梁中部的弯矩。为了加强瓜柱之间的联系，穿枋也随之增多，这样，当瓜柱和穿枋的数量增加到一定程度，檩条就完全可以摆脱斜梁，转而由落地柱和瓜柱支撑，成为柱头承檩的穿斗结构。可以此推测，叉手承檩与柱头承檩的穿斗结构有着技术上的继承关系，叉手承檩是一种较为古老的穿斗结构构架形式。

侗族的木结构技术发展较为成熟，其穿斗构架都是柱头承檩方式。壮族干栏则两种承檩方式都有所运用，桂西北地区壮族民居的木构技术与侗族较为接近，多采用柱头承檩，而桂西南地区的壮族民居依然采用叉手承檩的结构方式，可见壮族在木构技术发展上并不均衡，地区差异性较大。除此之外，侗族干栏普遍较为高大，通常都有3~4层，除了二层作为主要的起居空间，卧室一般都位于三层或四层。为了遮挡雨水，侗居都在二层与三层交界处设有披檐，形成重檐屋顶。壮族干栏的主要使用空间一般集中在二层，三层部分为坡屋顶下部的三角形空间，主要用于粮食和杂物的存贮。因此高度比侗居要矮，披檐的做法仅在桂西北地区较为常见，其他地区较少（图5-62）。

5.6.3　结论

通过壮侗两族干栏民居的比较研究，可以看出，侗族干栏山面设门的入口方式、开敞的亦廊亦厅的前廊空间、独立的火塘间、偶数的房屋开间等都显示出其百越原生干栏的特点。而壮族干栏宅门均设在檐面、堂屋在居室空间中的支配地位等都显示出汉族文化的强烈影响。但是在建筑结构技术上，壮族还保留了原始的叉手承檩方式，这反映了其文化发展过程中技术与文化观念发展的不对称性。

壮侗民族虽然同源，但是在其文化发展以及与汉文化融合、嬗变的过程中呈现出不同的发展走向。侗族由于人口较少、分布区域集中、防卫性较强、所处地区信息相对封闭，在发展过程中对于自身文化的保留和传承较好，更多地保留了民族自身的个性与特色；而壮族由于人口众多、分布区域分散、与汉族交往较多，其自身文化的特色部分保留较少，更多地体现在与汉文化的融合方面，且地区发展不均衡。

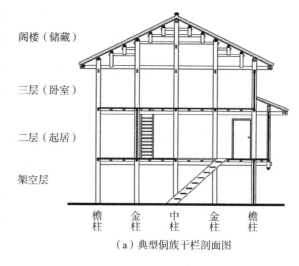

（a）典型侗族干栏剖面图

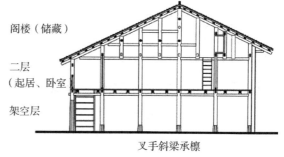

叉手斜梁承檩

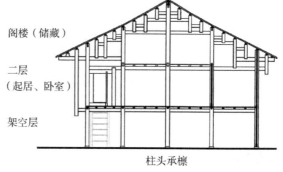

柱头承檩

（b）典型壮族干栏剖面图

图5-62　壮侗族干栏民居剖面图比较

（来源：熊伟绘制）

5.7　壮族民居的演变

5.7.1　壮族民居平面形式的演变

5.7.1.1　平面空间的变化

1. 生活面的变化

干栏民居地面化后，底层成为主要的居住面，日常起居多在地面层进行。但是，壮族传统上是喜爱楼居的民族，楼居生活的痕迹或多或少在地面化后仍然保留：首先，地面化后的干栏，建筑所基底面积还是与传统干栏相仿，并未如完全汉化的地居民居一样发展天井、合院等组合平面形式，仍是单一矩形平面形制，这有地形限制

图5-63　干栏地面化后的一明两暗格局

的原因（桂西多山地），也有传统习俗的因素。因此，一层平面无法容纳所需使用空间，自然向二楼发展，甚至发展到三层。楼上空间多有卧室和杂物储藏空间。生活面从干栏的二层变为首层以及二、三层，生活面在垂直方向扩容了。有的地区的壮族民居地面化并不彻底，一楼不再饲养牲畜，仅作储藏之用，仍然以二楼为主要生活面。

2. 空间组合的变化

干栏地面化民居平面多呈"一明两暗"格局，火塘的位置或置于堂屋后侧，或位于堂屋一侧占一开间（图5-63）。由于二楼也是生活层，堂屋对应的上部也是一个类似的公共空间，有的壮族地区甚至把神位也安置于二楼，一楼的堂屋纯粹用来待客。二楼的这个公共空间通常在正面出挑，做成开敞式，类似于二楼的敞廊，这与干栏建筑中的门楼空间极为类似，可见壮族对于这种开敞挑廊空间有了继承性发展。卧室在一、二楼都有，位置上下对应，增加了民居的人口容量（图5-64）。牲畜不再与居民共处一楼，多旁置于住宅附近的独立牲畜棚，改善了居住的卫生条件（图5-65）。

3. 平面功能的变化

由于主要生活面移置地面，干栏建筑中原有的"门廊"空间不复存在，通过入户门直接进入堂屋。堂屋上部一般不做通高设计，而是铺设楼板，以充分利用二楼空间，由于没有了底部架空层，二楼空间的利用强度加大，因此堂屋层高通常只有一层高，不似干栏建筑内堂屋那样高大神圣，空间感受较为低矮压抑（图5-66）。有的地方将神位放置到二楼，认为神灵神圣不可侵犯，上部不能有人活动，要直顶苍天。

一方面，堂屋只占正中开间，两侧多为卧室，与堂屋之间以墙隔离，以门相通。因此堂屋的空间相比干栏式民居那种两侧连通火塘间及梢间的贯通式空间要局促很

图5-64　敞廊

图5-65　独立设置的牲畜棚

图5-66　堂屋是否通高引起的空间变化

多，空间的流动性与自由性大大降低，自然也缺少原始壮族民居那种活跃的生活氛围，略显呆板；另一方面，由于厨房的隔离设置，堂屋里面没有了烟熏火燎的柴火气息，自然也显得干净卫生。

干栏地面式化后，火塘间开始向厨房转变。火塘多设置在堂屋后面，私密性加强，原有的那种开放性的接待功能逐渐减弱而让位于堂屋，蜕变为单纯以生火做饭、吃饭、堆放杂物等生活服务功能为主的厨房。同时火塘本身的形式也发生了转变，主要有两种形式：一种是类似汉族民居中的灶台，以砖石砌筑或用夯土垒建，还做了排烟的陶管，以保证卫生。这种灶台以柴或者农家自产的沼气为燃料，较为节能，防火性能也好，正是地方政府大力推行"灶改"的产物；还有一种是传统的火塘向地面式灶台自然转变的产物，它是在地面搭建距地面50cm左右的"火铺"，火铺用坚硬的板栗树做架子，铺一层厚实平整的木板。方架中间偏外侧留出2～3尺见方的空洞，空处用黄泥筑成火塘，内放三角铁撑，周围用薄薄的长条石或砖头围着防火。围着火铺，可站着炒菜做饭，可坐着取暖、闲聊。火塘不仅代表了壮族人民与稻作文化息息

图5-67　火塘的变化

相关的饮食习惯，更是与其交往、礼仪空间的形成密不可分，因此其建筑构造方式以及位置的变化，也意味着人们生活方式的改变及其生活方式背后民族性的发展、变化。地居式住宅中火塘间向厨房的转变，可以看成是干栏向地居转变的过程中火塘发生的适应性变化。抬高的火铺正是这种变化中，民族性尚且得以保留的妥协做法（图5-67）。❶

　　地面式住宅中的卧室，一般位于堂屋的两侧以及楼上的对应位置。家中长辈多住在楼下，年轻人及小孩住在楼上，这也体现了长幼有序的礼制观念。卧室空间置于堂屋两侧，相比干栏民居中位于堂屋后部的卧室，其进深空间有所加大，空间高度有所提高，室内陈设的家具也较为丰富，采光状况也得到了一定的改善。由于二楼也可以住人，地居式民居的居住容量较干栏式建筑要大，几代同堂的可能性也更大，其家族聚居的观念随着空间形式的转变而发生了改变。

　　地面式民居中的楼梯（图5-68）因其交通意义的变化而转移到了更加隐秘的位置，通常设置在堂屋正壁的背面。自楼梯上二楼，到达堂屋的正上方，通常是一间开敞的敞廊空间，正面多挑出阳台形式的晒台（图5-69），这个空间两

图5-68　楼梯位置的变化

❶　蔡凌. 侗族聚居区的传统村落与建筑. 北京：中国建筑工业出版社，2007：143.

图5-69　正面挑出的晒台

侧对应一层卧室的位置也是几间卧室。

地面式住宅一般将牲畜棚、厕所及谷仓、杂物间等布置在正方之外的附属用房中，也有布置在两侧山面的披厦之下的。正房外的炉灶主要用来烹煮牲畜用的饲料。谷物的储藏除利用谷仓外，也可置于三楼的阁楼空间，充分利用坡屋顶的层高富余。位于二楼的晒台代替了传统干栏建筑中门廊的部分功能，主要用来晒谷物和其他生活物资。

在平原地区的地面式住宅由于用地较为宽敞，也有设置前院的做法，通常以山面方向的门头引导进入前院，再由前院进入堂屋，堂屋隔着前院的对面设置各种生活辅助用房。在前院和堂屋之间，由两侧山墙面的突出部分以及檐柱，还有上部出挑的晒台，形成了一个檐下过渡空间，这个空间也类似于干栏建筑中的门廊空间，具有储物和承载日常室外生活的功能。

5.7.1.2　干栏民居地面化的地域模式

广西壮族干栏民居向地面发展在不同的地理区域有着不同的特点：

1. 桂中西部

这一地区干栏建筑地面化的过程是全木干栏——矮脚干栏砖石干栏——砖木地居——水泥地居。

桂中西部都安县东庙乡三力村在中华人民共和国成立以前还是以全木干栏民居为主（图5-70），但这一地区石山较多，木材匮乏的问题日趋严重，木料的日常维护也颇为烦琐，因此，村中开始采用矮脚夯土、砖石干栏（图5-71）的民居形式。近十年，由于该地区多石灰岩，附近城镇多出产以其为原材料的混凝土砌块，因此，民居的建材从石材、红砖逐步转变为混凝土砌块（图5-72），干栏的建筑形式也逐渐向地居式转变。这一地区较为偏远的村落，仍然留存着少量全木干栏的民居，多已残破或弃用。

桂西那坡地区的马独屯，其原有建筑多为全木干栏（图5-73），近来部分先富起来的村民开始使用钢筋混凝土结构对原有木构干栏进行维护和加建，财力较好的部分居民甚至直接新建平屋顶的砖混结构民居（图5-74），完全没有中间过程的演化，呈现出跳跃式的发展。但是，传统的影响在全新结构形式的住宅中仍然有所传递，许多新建的砖混楼房依然把二楼作为主要生活空间，一楼保留原有的饲养和储藏功能（图5-75），其平面格局也沿袭了"前堂后室"的传统空间组合方式。

图5-70　三力村木构干栏

图5-71　三力村夯土干栏

图5-72　三力村砌块干栏

图5-73 马独屯全木干栏民居

图5-74 马独屯干栏的演变

2. 桂西南地区

这一地区的干栏建筑地面化的过程是全木干栏——夯土干栏——夯土地居。

桂西南宁明县明江镇百泉村板略屯现有民居多为夯土地居形式（图5-76），采用的泥土多是就地取材。村中还现存有少数夯土干栏的民居形式，仍然采用离地楼居的方式，其内部结构为木制穿斗构架，可以看出原有木构干栏的痕迹（图5-77）。在桂西南各地，夯土地居与夯土干栏共存的情况普遍存在。追溯到该地区最为边远的龙州地区，仍然可以找到全木结构的干栏民居（图5-78），这说明了干栏建筑地面化在时间上的先后顺序是依经济发达程度、交通信息方便程度来排序的。

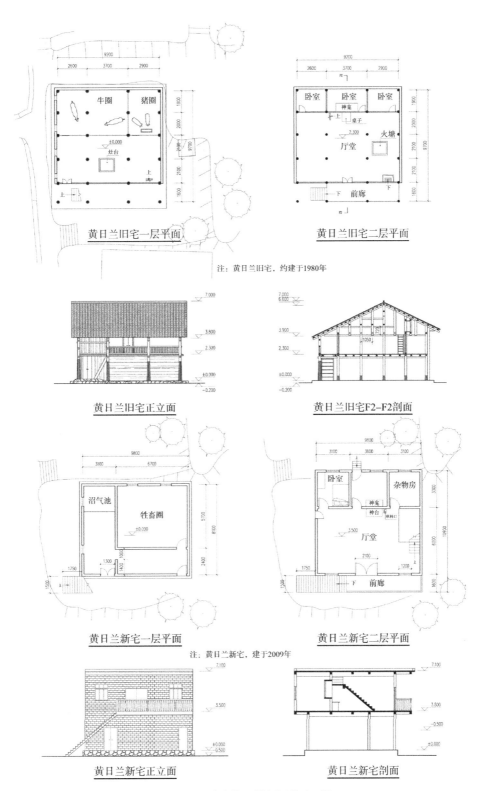

图5-75　马独屯黄日兰新旧住宅对比

（来源：广西大学土木学院建061测绘）

图5-76　板略屯夯土地居

图5-77　板略屯夯土干栏

图5-78　龙州全木干栏

3. 桂西北山区

干栏建筑地面化的过程是全木干栏——全木地居。

桂西北龙胜龙脊村是一个保存完整的壮族传统聚落，其民居平面的演变是该地区干栏建筑地面化的典型实例：村中传统的老宅以廖仕隆（图5-79）及侯玉金家的百年老宅最为典型，其主要特点是，在堂屋前都有门楼，且门楼处都做了退堂处理；室内以堂屋为中心，两侧火塘与梢间皆对称布置，由于大门设置在堂屋正前方，自大门进入后，室内空间轴线明确，礼制观念表现较为明显。中生代民居的平面以传统老宅平面为基础（图5-80），发生了一些变化，主要表现在：门楼取消，被纳入到堂屋空间之中，堂屋空间加大，自正面楼梯侧上即进入入户门，堂屋的中轴线被弱化；火塘间以及两侧的梢间不再以堂屋为中轴对称，梢间前部多改为卧室，形成半包围式的平面布局，平面的礼制特征削弱，自由度加大。为了增加平面容量，有的住宅加建了横屋和配楼，但这种做法由于山地用地稀缺的原因，终究没有流行起来。新生代的民居（图5-81），变化非常大。首先，很多新建民居，不再采用底层架空的方式，而改为地居式。从山面平层入户，直接进入地面生活层，首层布置堂屋（类似客厅）、火塘（改造为现代厨房）和卫生间，楼梯设在一楼平面中间，上去即到达二楼中部的走

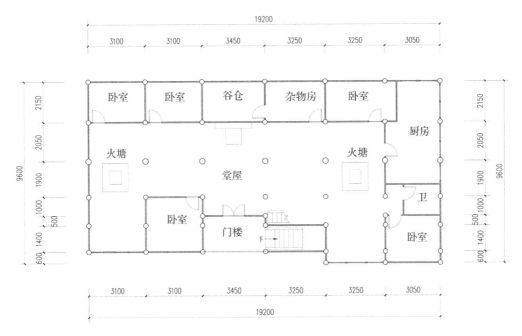

图5-79　百年廖仕隆宅平面图

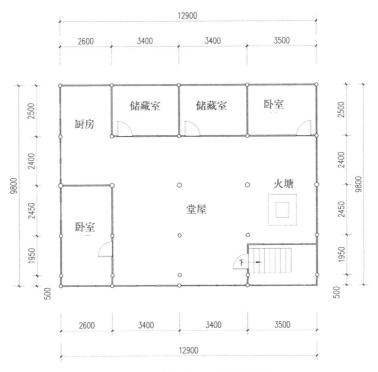

图5-80　中生代潘瑞强宅平面图

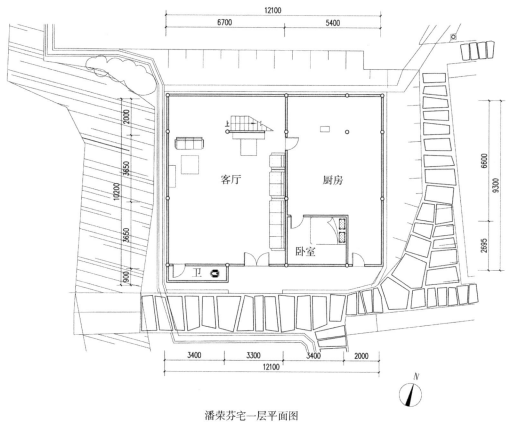

潘荣芬宅一层平面图

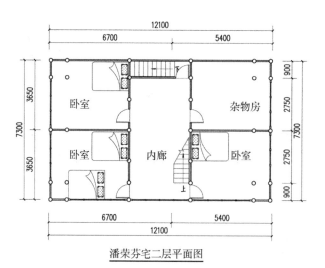

潘荣芬宅二层平面图

图5-81 新生代潘荣芬宅平面图

（a）潘浩更宅立面图　　　　　　（b）潘克明宅立面图

图5-82　龙脊村地居与干栏民居立面图对比

（来源：广西大学土木学院建081测绘）

廊，走廊两侧布置各卧室。新生代住宅的三层不再作为储物，而是同样类似二层安排了卧室（图5-82）。

桂西北西林地区的干栏地面化后平面形制既有保留前堂后室格局的，也有转变为一明两暗格局的（图5-83）。但是全木地居建筑仍然保留了干栏建筑的构架形式，只是取消了首层架空而转为地面式生活。因为桂西北地区多为山地，木材资源较为丰富，干栏建筑传统保存较完整，其地面化的原因更多是受到外界居住观念的影响。

5.7.1.3　干栏民居地面化的原因

人文地理学认为，传统民居产生、发展的因素包括自然地理因素和人文因素。自然地理因素主要包括自然条件、地形地貌、水系植被以及地方物产、资源分布等要素。人文因素则主要指：本地区长期聚居的人群在社会生活中形成的特定的观念、信仰、习俗、社会风尚等。❶自然地理因素在一定历史时期内具有较强的稳定性，它为干栏地面化提供可能的条件，但不是决定性因素。而大多数人文因素随着历史的进程在不断变化更新，对于干栏建筑地面化起主导作用。因此，干栏民居地面的主要原因有：

1. 自然地理条件的差别

干栏建筑与广西的山地环境相得益彰，是先民长期以来形成的因地制宜的建筑传统。但是，在地形条件限制相对宽松的丘陵地区和河谷地带，干栏民居地面化获得了自然地理条件的支撑，在外部人文因素的影响下更有可能实现。

位于右江河谷地带的平果百良村，地形较为平缓，壮族的田地多靠近河边，耕地后部的传统住宅多为矮脚干栏，即首层多为石头砌筑，并且向下挖土30cm左右，

---

❶ 李晓峰. 乡土建筑——跨学科研究理论与方法. 北京：中国建筑工业出版社，2005：99.

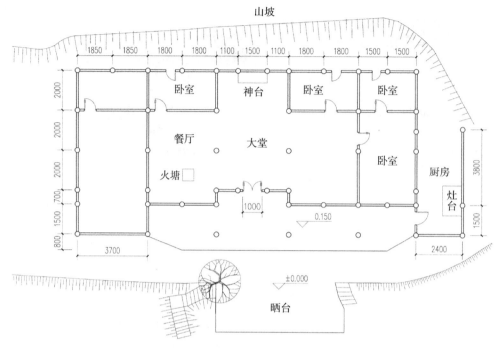

（a）西林那岩屯岑海雄宅平面图

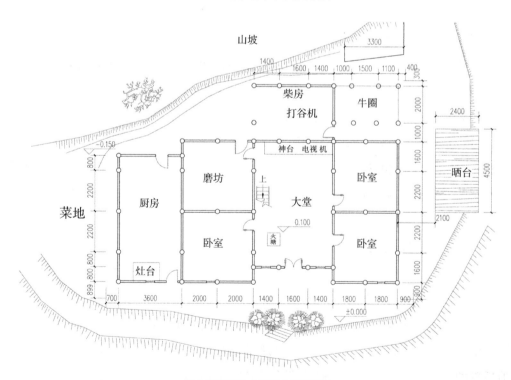

（b）西林那岩屯岑海志宅平面图

图5-83 西林那岩屯干栏民居地面化后的平面形制

（来源：广西大学土木学院建061测绘）

图5-84　百良村干栏多样的入户方式

这样首层较矮一般在1.5～1.7m，同时由于前后住宅间距相对较宽松，传统的正面侧入与新式的正面直入两种入户方式并存（图5-84）。由于地形较为平缓，新建的部分民居将猪牛圈从干栏底层迁出另建，住宅首层直接落地而彻底变为地居式建筑。在桂西南地区的丘陵及河谷地带一些村落中，年代较古老的民居多为夯土干栏形式，而较新的民居多已改为夯土地居。此外，这些地区由于长期的过度砍伐与自身自然条件的不足，木材也较为匮乏，就地取材利用夯土和石材是一种可持续发展的自发选择。可见，在地形条件限制较少的平原河谷地带，壮族干栏民居地面化已成为一种不可逆转的历史趋势。

与之相反，大量山区的壮族民居多保留传统的干栏建筑形式，虽然也有地面化的趋势，但在数量上仍然不多。这是因为，一方面干栏建筑适应当地地形条件，另一方面山区木材丰富，可以持续供给。因此，自然地理条件的差别，决定了干栏建筑地面化的快慢程度与接受程度。

2. 经济条件的改善

民国时期的《三江县志》有记载："壮人村落，三五十家或十数家。所居皆平旷，就地面建板装房屋，近来多筑土为墙。富者盖，贫者绚茅。多辟窗户，光足气畅。其牲畜栅栏，亦距屋颇远。惟饮爨用三脚铁架，于厅堂后辟火炉，稍嫌烟气重熏耳。旧志称壮人好楼居，甑爨俱在楼上，如白果等处是也。此殆过去一般的习俗。"可见，经济条件较好的壮人不仅以采用夯土筑、屋面盖瓦，其居住方式也从楼居转变为地居，火塘的位置也发生了转变。

广西地区干栏建筑地面化的民居多分布在经济条件较好、离城市较近的平原河谷地带。按照当地壮族人的说法就是：干栏建筑只有在交通不便的山里，比较穷贫困的地方才有。可见一方面只有在经济条件较好、靠近城镇交通信息发达的地方才能建造高大、美观的夯土砖石地居住宅，另一方面壮族人也认为采用与汉人相似的地居式建筑体现了家庭的经济水平较高，居住条件较好。

3. 技术与建材的变革

秦始皇统一岭南之后，历朝历代的汉族移民大量涌入广西，把中原地区先进的制砖、制瓦技术传播给了广西壮人。这些技术的引入带来了广西地区传统住宅在建造工艺以及建筑材料上的变革。夯土、泥砖、烧结砖的出现不仅丰富了建材的选择，也改变了民居建筑的承重结构体系。由于夯土与砖石耐久性、防火性、防潮性及结构的可靠性都较木材要好，因此出现了大量的夯土与砖石干栏建筑。这类干栏建筑的出现，为干栏建筑进一步地面化创造了条件。因为木构干栏建筑是一种框架结构，结构轻巧，底层较高且空间通透，适于饲养牲畜；而夯土、砖石干栏是墙承重结构，考虑到结构的稳定性，底层高度受限，通常都较矮，为了饲养牲畜，甚至要向地面下挖。随着夯土、砖石干栏民居的底层进一步降低层高，其原有的功能被迁移出建筑主体之外，因而干栏也逐渐地面化。

4. 生活方式与观念的变化

随着历史的推进、外界文明的传播，广西壮族社会的生活方式与观念发生了巨大变化，这种变化是干栏建筑地面化的主要原因之一。

首先，传统干栏建筑离地而居的主要原因，一是为了安全防卫以避野兽的需要，二是广西气候潮湿炎热，干栏易于通风散热。随着社会环境的稳定和生态环境的变迁，防护野兽侵袭的作用已不复存在，而通风隔热防潮的作用可以通过其他的技术手段解决，干栏的存在失去了其功用上的价值。

其二，传统干栏建筑在使用上较不方便，居民出门生产劳作皆需上下楼梯。随着生活观念的变化，采用地居既能方便出行，也为村民之间的社会交往提供了便捷。

其三，随着生活方式的变迁，很多壮族农人不再单纯依靠饲养牲畜作为必要的生活、生产手段，底层饲养牲畜在卫生方面也有诸多问题，而地居化成为顺理成章的选择。牲畜饲养或取消或择地安放。

最后，随着交通和信息日趋发达，越来越多的外界居住文化传播到壮族地区，很多壮人争相效仿，促成了干栏建筑的变革。例如龙胜、西林等地山区的壮族村落中，很多新建的木构建筑改变传统，直接做成地居式，大多是受外界居住观念的影响。

广西的地居式民居除了本土干栏建筑地面化之外，位于汉文化强势地区的壮族，多完全采用当地汉族的居住形式，即汉化地居式民居。

5.7.2　壮族民居结构形式的演变

5.7.2.1　结构技术的进步

就壮族穿斗木构而言，其结构技术的进步可以分为两个阶段。

1. 从大叉手向纯穿斗式的进步

广西地区，桂西及桂西南地区的干栏民居多在屋顶构架中采用大叉手结构，其特点是用叉手梁承接檩条，各柱（含瓜柱）顶与各檩条位置不对应。由于这种结构力学关系不明确，檩条与叉手斜梁以及斜梁与各柱之间卯榫工艺简单且较为耗费木材，杨昌鸣在其《东南亚与中国西南少数民族建筑文化探析》一书也认为叉手结构是一种最为原始的结构方式。在桂西北地区的金龙寨民居中也采用了叉手梁，但其各柱（含瓜柱）顶与叉手梁上的檩条一一对应，这显然是一个进步，其力学关系相对明确，只是在榫口工艺上仍然较为简单，也没有节省木材，依然是平面受力体系。而在壮族地区木结构技术最为发达的龙胜地区则彻底摒弃了叉手梁的做法，其各柱（含瓜柱）直接承接各檩，受力简单明确，实现了从平面受力体系向空间受力体系的转变；榫卯工艺水平较高；同时也节省用材，是一种比较成熟的穿斗构架做法。

2. 穿斗构架从满枋满瓜到减枋跑马瓜的进步

壮族民居中的穿斗构架从桂西达文屯的满枋满瓜到桂中河池地区的满枋跑马瓜，再到龙胜地区的减枋跑马瓜，可以看到木材使用量渐趋减少，室内空间愈加通透，这也是一种木构技术渐趋成熟、细致的表现。

3. 接枋

龙胜龙脊地区的传统老宅中，位于幺串（二层楼面处的通长穿枋）和大串（三层楼面处的通长穿枋）的两根长枋一般由一根木料加工而成。新建民居为了节省材料，改为两根长枋拼接而成，拼接位置一般位于前、后金柱外侧。为了弥补结构稳定性上的不足，幺串和大串的枋的拼接位置上下错开，从而使上下结构互相牵扯，受力均衡，能有效地缓解地基沉降对房屋结构稳定性造成的不良影响（图5-85）。

5.7.2.2　平面功能的需求

生活观念的更新对民居的平面功能与空间组合提出了新的要求，传统的穿斗构架也有了新的转变趋势。

1. 减柱

穿斗式的木结构建筑，每一榀梁架一般都有中柱、前后檐柱和前后金柱五柱落地，如用地进深较浅，则仅有中柱和前后檐柱三根落地柱。为了扩大局部的使用空间

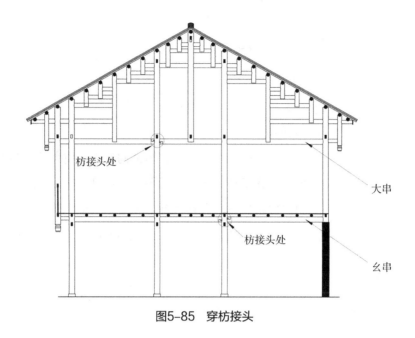

图5-85 穿枋接头

或者是由于功能布局的改变需要对传统的柱网格局进行改变，减柱是一种行之有效的办法。

龙胜龙脊村传统老宅（80～100年以上）的构架形制较为复杂，一般有6柱落地，谓之六柱五步架。在檐柱和前金柱之间还有一根落地的小金柱，在小金柱与前金柱之间还有一根不落地（仅落到二楼楼面）的燕柱以安放正面大门。这些柱子的存在主要是加大了门楼的进深，形成了退堂的空间效果，但柱子过多，不仅结构复杂，而且室内空间感受也较凌乱。中生代民居（近20～50年）的构架进行了减柱，取消小金柱和燕柱，大门直接设在前金柱之间，变为了五柱四步架（图5-86）。

中柱通常落在厅堂正中，随着现代生活观念的变化，堂屋空间独立出来，居民对

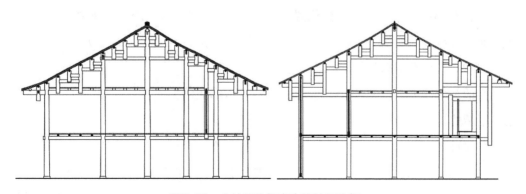

图5-86 六柱五步架变为五柱四步架

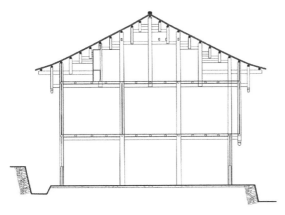

图5-87 新民居减去中柱变为四柱三步架

图5-88 枋间支撑

于空间的完整性要求提高，而中柱既阻碍厅堂内部视线交流，也妨碍交通，因此成为减柱的首要对象。一般做法是将前后金柱向中心屋脊处靠拢，三串（三层顶部穿枋）直接连接前后金柱，而檐柱位置不变，屋脊从中柱承檩变为以脊瓜柱承檩。这样的做法落地柱进一步减少，并加大了每一步架的进深，房屋中部的空间更加灵活，也更为开阔，同时也节省了建筑材料。龙脊地区的新民居（近20年内），普遍减去中柱，成为四柱三步架，房屋中部形成了通廊，便于两侧布置房间，除了满足日常生活的需要，还可兼作旅馆之用（图5-87）。

减柱的做法必须建立在对建筑材料强度有充分了解的基础上，特别是中部连接前后金柱的穿枋，尺寸必须加大，否则会有弯折的危险，如那雷屯民居的明间两榀梁架取消中柱后前后金柱之间跨度过大，穿枋下弯，需用支撑物才得以稳定（图5-88）。

2. 增设吊柱（瓜）

吊柱（瓜）的做法是在干栏的二层及以上由幺串或大串向外出挑60～90cm，并在其上设吊柱（瓜）支撑檐檩，以增加檐部出挑距离、扩大楼层上部使用空间、增进建筑美观的构造做法。落在出挑穿枋端部不落地的瓜柱就被称为吊柱（瓜），一般长者为柱，短者称瓜（图5-89），吊柱可增加楼层使用面积，吊瓜可增加檐部出挑长度。壮族地区增设吊柱（瓜）的做法主要在广西龙胜壮族聚居区。山地干栏由于用地面积有限，通过出挑可以充分发挥木材的抗弯性能，获得额外的使用空间，除此之外，还能为下层墙面遮挡雨水。平地所建干栏，前后两面均有出挑的吊柱，而依山而建者则只在前面出挑做吊柱，后部不做或仅做吊瓜，概因房屋后部有山体遮挡，雨水对靠山的一层墙面威胁较小，可见吊柱的挡雨功能要比其争取空间的功能更为重要。

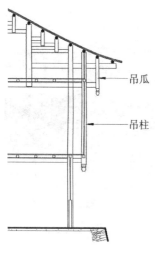 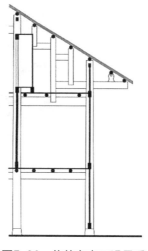 

图5-89　吊柱、吊瓜　　　图5-90　传统老宅不设吊瓜　　　图5-91　吊柱及吊瓜

龙脊地区的传统老宅檐部用水串（挑檐枋）挑出，仅设装饰短瓜柱承檐檩，一般不做吊柱（瓜）（图5-90），近30~50年的民居均设有吊柱（瓜），且更加重视柱头装饰（图5-91）。

3. 偏厦

偏厦是为了扩大使用空间和遮挡雨水，在山面之外增设的附属于主体的部分。偏厦屋面坡向主体山墙，与主屋面一起形成类似汉族歇山的结构（图5-92）。桂西及桂西南地区的壮族干栏多不做披厦，桂西北地区的壮族民居只要在场地和经济条件许可的情况下都会加建偏厦，视场地条件单侧做或者双侧均做。

偏厦三面起坡，屋顶构造相对复杂，坡面相交部分戗脊的处理就尤为重要。绝大

图5-92　披厦

图5-93　披厦结构做法

部分偏厦的戗脊是采用斜梁的做法，即用一根较粗的木梁一端搭接在披厦的檐柱和吊柱上，另一端则直接搁置在山面一榀梁架的穿枋上（图5-93），其上再铺设屋面檩条。干栏主体采用柱头承檩的方式而偏厦部分却为斜梁承檩，足见偏厦这一做法并未融入成熟的干栏木结构系统中，说明偏厦的做法应该出现得较晚，应该是龙脊地区壮族在与周边其他民族交往中学习到的技术，因此，其他壮族地区的民居多为悬山，较少做披厦。

5.7.2.3　建筑材料的更新

由于汉族文化的传播，壮族地区逐渐掌握了夯土、泥砖、烧结砖等建筑材料，基于这些材料的力学性能，用承重墙承重的结构体系出现了。壮族地区常见夯土承重墙、砖柱与穿斗构架结合的例子，可见壮族在寻求传统结构与新型材料的结合方式上的探索。最终在大部分地区，承重墙搁檩的方式还是流行起来，因为这种方式是新的建筑材料与结构相结合最适宜的做法。

在干栏建筑发达的桂北山区，为了适应发展现代生活及旅游住宿的需要，壮族新民居结构的一个重要变化趋势是钢筋混凝土结构与传统穿斗木构的结合使用，其组合形式大体可分为两类。

1. 底层全部使用砖混结构

随着地居式生活方式的兴起，底层采用砖混结构，上部按传统木结构修建。这种方式，底层防水防潮的性能得到加强，对于防火也较为有利，但是由于上下结构类型不一，采用接建的方式上下搭接，整体性不佳，不利于建筑抗震。同时建筑底层采用砖混结构，砖材与木材混搭的立面效果不佳。

2. 木结构与砖混结构相结合

为保护传统民居外部形态，当地工匠创造出在保留木结构不变的情况下，中柱落于三串，其下部空间插入砖混结构内墙和钢筋混凝土楼板，使得中间走廊以及两侧的卫生间部位均为砖混结构。此做法既保证的木结构主体内外的完整性，又利用了钢筋混凝土楼板和砖混内墙防水、防潮、隔声以及稳定性好的性能（图5-94）。

图5-94　穿斗与框架结构相结合

第6章

广西壮族民居建造
文化与经验

广西壮族民居除了有多样的平面形制之外，其建筑构架、建筑立面都具有丰富多彩的形态。除此之外，其建筑装饰、建造仪式、过程以及建造经验也有其独特之处。对上述材料进行价值总结对于研究民族文化、建筑文化，并从中吸取技术、艺术养分，更好地继承和弘扬民族传统不无裨益。

6.1　壮族民居装饰

传统的壮族民居干栏居多，全木构架朴素、简约，装饰极少。随着汉文化的传播，一些装饰元素结合当地壮族的喜好融入民居建筑中来，为民居带来了更为丰富的面貌。

6.1.1　屋脊

屋脊是整座建筑中最高、最醒目的部位，壮族人民常常在屋脊上放置各种图案的图腾构件来表达特定的功利目的，给单调的屋顶带来灵动活泼的元素。

常用于屋顶的图腾有金钱、狗、牛角等。金钱型是用瓦片拼出一个四出形的古铜钱图案。铜钱从秦始皇统一中国后，就形成了外圆内方的造型，在人们的观念里，铜钱成了财富的象征。壮族人民在屋脊采用瓦片拼成铜钱图案，寄托着祈求招财进宝、生活富裕、家业兴旺的良好愿望（图6-1）。

狗雕像多以两三只狗的形态出现，大狗居中，小狗居其左右，面向东西，以镇辟不利风水的景物，保佑住宅和家人平安。狗是古代壮族及其先民崇拜的图腾之一，在左江流域的悬崖壁画上，就有很多狗的图像，由于壁画是壮族先民举行重大祭祀仪式的地方，可见狗在壮族生活中的重要地位。在壮族民间，至今还保留着崇拜狗的习俗。人们认为狗具有驱妖镇邪的灵性，倘若家中出现不祥之征兆，就用狗血喷洒房屋四周，即可驱散邪气，逢凶化吉；桂西的壮族民间

图6-1　铜钱纹脊饰

在春节的时候用竹片和彩纸糊成狗的形象，敲锣打鼓、舞纸狗游行贺年；右江一带壮族民间春节时会在庙坛上立披红挂绿的乌狗而祭之；桂南、桂中和桂西地区的壮族民间，还流行在村前或者大门前立石雕的狗以辟邪，多设在正对路口或者不利方位，以保护村民平安；壮族民间的道公、师公都有禁食狗肉之戒律。可见，狗图腾在壮族社会的重要性（图6-2）。

壮族民居的屋脊上常有用灰砂塑成的牛角形装饰，这源于壮族先民的牛崇拜。作为一个古老的农耕民族，壮族很早就用牛来耕作，形成了珍爱牛、崇拜牛的观念习俗。在壮族的观念里，牛是勤劳、吉祥和财富的象征。每年农历四月初八是壮族传统的"牛魂节"（也称"脱轭节"），次日让牛休耕，篦洗牛身，用精饲料喂牛，打扫牛栏，祭祀牛神，祈求牛健壮无病。因此，将抽象的牛头作为图腾符号置于屋脊，可以祈求牛神保佑六畜兴旺、生活富足、吉祥幸福（图6-3）。此外，还有葫芦、鱼等屋脊装饰图腾。

图6-2　狗和五角星脊饰

图6-3　牛头脊饰

6.1.2 挑手

挑手是位于檐下专门用于支撑檐檩的一种木质构件，其前端挑出承托挑檐枋，后端卯入檐柱。壮族对其常用的装饰手法是雕刻成各种富于寓意的花纹图案，常见的有如意莲花头挑手、象鼻莲花头挑手、鱼头衔象鼻形挑手、如意云雷纹莲花头挑手（图6-4）等。

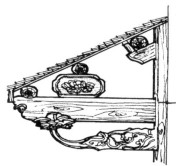

（a）如意莲花头挑手（德保县壮居）

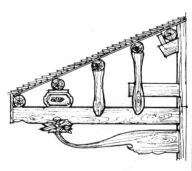

（b）象鼻莲花头挑手（德保县壮居）

（c）鱼头衔象鼻挑手（田林县壮居）　　（d）如意云雷纹挑手（靖西县壮居）

图6-4　挑手装饰

（来源：《广西民族传统建筑实录》）

　　如意、莲花均是佛教艺术的产物。东汉时期，随着中原汉人南迁，佛教开始传入壮族地区。在桂林、柳州等地的佛教寺院中，常可见如意、莲花等装饰题材。受其影响，民居建筑的瓦当、挑手、柱础等构件多采用这种装饰图案。

　　壮族先民多傍河而居，视鱼为生活富足、人丁兴旺、健康长寿的象征。虽然很多壮族人后来迁居深山，但是对鱼的崇拜却流传下来。壮族地区直至明代仍然盛产大象，对象的崇拜古已有之。因此，挑手设计成鱼头衔象鼻形其寓意不言自明。此外，壮族民居中还有象鼻莲花头、龙头衔象鼻等形式的挑手，寓意皆大同小异。

　　云雷纹源于壮族对水神和雷神的崇拜，莲花纹则是佛教文化的装饰纹样。❶壮族将本土文化与其他民族文化相结合，则产生了如意云雷纹莲花挑手，有求雨、避火禳灾的目的。

6.1.3　其他檐下构件

　　桂西北的壮族干栏建筑中，檐下多增设吊瓜吊柱以扩大檐下空间和建筑室内空间。吊瓜、吊柱的下端头部悬空，工匠通常雕刻各种纹样作为装饰。既增加了建筑细节的美感，又有祈福、消灾、保平安之意。常见的柱头装饰形式有：灯笼形、绣球形、瓜菱形和宝瓶形（图6-5）。

　　灯笼形有喜庆、吉祥的含义；绣球是广西壮族民间的定情信物，在广西靖西、德保、龙州、都安等地的壮族人都有制作绣球的传统，壮族人每年"三月三"歌节时，青年男女都有去野外抛绣球的习俗，所以绣球形柱头装饰有联结姻缘、人丁繁衍、祈求丰年的意义；瓜菱形取材于农作物中的南瓜，寓含生产丰收、丰衣足食之意；宝瓶形来自于佛教文化影响，象征观音菩萨手中的净水宝瓶，壮族人把民间的生殖神"花婆"与观音形神合一，有吉祥幸福、赐花送子、人丁兴旺的含义。

　　除了吊瓜外，还有柁墩、丁栱等檐下承托、装饰构件（图6-6）。

6.1.4　柱础

　　柱础是支垫干栏建筑落地木柱的建筑构件，多为一块整石，具有防止立柱下沉以及防水、防腐的作用。早期的柱础形式极为简单，通常只是将石料加工成圆柱形或者腰鼓形。唐以后，柱础的形式渐趋多样，这在壮族民居中亦有体现。除了圆柱形之外，主要的形式有蜂鼓形乳钉纹柱础和束腰须弥座形柱础（图6-7）。

❶ 覃彩銮等. 壮侗民族建筑文化. 南宁：广西民族出版社，2006：187.

图6-5 吊瓜装饰

图6-6 丁栱装饰

图6-7　柱础装饰

圆柱形柱础是壮族地区最为原始的柱础形态，在广西西部那坡及忻城等地比较流行。圆柱形柱础高70～150cm，直径25～30cm，上端略小，下端略大，由整石凿刻而成，表面多有纵向凿痕。这种柱础多用于檐柱，应是考虑到檐面飘雨，柱础较高，防水性能较好，木柱不易腐坏。德保那雷屯的壮族民居仅用两块青石拼接成柱础，极为简朴（图6-8）。

蜂鼓形乳钉纹柱础取材于壮族先民使用的瓷蜂鼓。蜂鼓又名腰

图6-8　圆柱形柱础

鼓、瓦鼓、阴鼓，宋代时在广西地区流行使用。蜂鼓形柱础有驱邪、平安的寓意。

束腰须弥座形柱础亦是源于佛教文化，其特点是结构和雕刻工艺都较复杂，础体呈八棱形，通体分有多个层次，颈部上下对称，为莲花座图案，每一面都雕刻有形象生动的祥禽瑞兽，线条圆润流畅，工艺精致，造型庄重。

6.1.5　门窗及栏杆

广西壮族聚居地区气候炎热，为了方便室内的通风、散热和采光，大门的上半部镂刻或用木条拼接成各种方菱形、"寿"字形、"工"字形、"米"字形等几何形花纹

图案，有的格榥间还镶有蝙蝠（寓意"福"）、鹤或吉花异草等图案。[1]

　　窗户的装饰较为简单，多有竖榥式、横榥式、拐子花、方形式、菱形式、雕花等类型。壮族干栏建筑多门楼和檐廊，其栏杆也是工匠们乐于装饰的重要部位（图6-9）。

图6-9　窗户及栏杆装饰

---

❶ 覃彩銮等. 壮侗民族建筑文化. 南宁：广西民族出版社，2006：201.

6.2 壮族民居建造文化

房屋的建造，是一个壮族家庭的头等大事，需要详备的计划和安排工作。从下料开始，到起架，再到装修镶板完成，需要好几个月的时间，通常主体框架是一帮人，底板及门窗装修又是另外一帮人。一般来说从下料到起架通常在一个半月左右可以完成，因为大部分主人家都备好了搭建基本框架的木材，但装修部分的时间长短主要是和主人家的财力有关，有的家庭财力不足，装修材料尚未配齐，装修的时间就耗费较长。具体来说，房屋的建造可以分为以下几个步骤。

6.2.1 营造过程

6.2.1.1 准备工作

壮族村寨中，主人要新建房屋，首先要选择宅屋基址。通常由于村落空地有限，各家的造房基址的位置已经既定，因此，第一步就是请地理风水先生来，确定建筑的方位，最终确定"竖造日课"。方位的选择基于场地的周边条件，通过罗盘与年份来确定。"竖造日课"是地理先生根据主人家的生辰八字推算造屋步骤的重要时辰列表（图6-10）。在"竖造日课"中会明确房屋的朝向，并列出动土平基、伐墨柱、起土驾马、砍伐梁木、木料入场、盖房、作灶、安大门、入宅归火等九个重要步骤的时辰。对于壮族人来说，只有按照这个时间进行建房工作，才能保证家族兴旺平安。

木工师傅是住宅的设计师，木工师傅分为掌墨师傅和一般的木工，整个房子的设计控制是由掌墨师傅来实施的。掌墨师傅根据主人家的要求以及基地的条件定出开

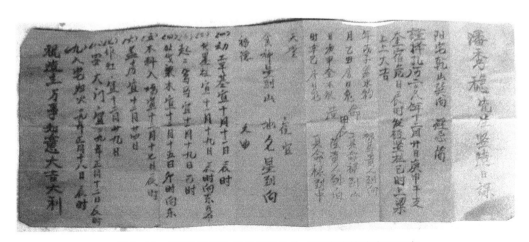

图6-10 "竖造日课"是地理先生为主家推演的建房日程表

（来源：吴正光等. 西南民居. 北京：清华大学出版社，2010：250.）

间、进深数目及尺寸、每层层高等，并核算出大致的造价。根据房屋高度方向的各个重要构件的位置、尺寸，掌墨师傅会制作出一根与房屋高度等长的"丈杆"，这根"丈杆"相当于现代房屋设计中的设计图纸。丈杆制作出来后，等于各种主要建筑构件的规格尺寸都制定了，可以根据设计进行备料，在这之前，主家需要择吉日平整场地，筑挡土墙，谓之动土平基。❶

6.2.1.2　砍伐木料

进行木料加工之前，屋主需根据掌墨师傅开出的用料数量择吉时上山砍伐木料。在所有构件之中，发墨柱和大梁最为重要。发墨柱指的是，堂屋左侧（背对神位面向房屋大门）的后金柱，是木工加工的第一个构件，因此谓之"发墨"。发墨柱的墨线由主家和掌墨师傅当众拉出，拉墨线时，将沾满墨的墨线用力拉起再弹向柱面，留下墨痕。墨线的清晰、平直与否，都关系到主家的运气吉凶。另外，发墨柱还起到定位作用，其他柱子以发墨柱为基点进行定位放线。很多壮族地区，把发墨柱称为"母柱"，意为所有柱子之母，因此，其地位非常重要。大梁是住宅明间的主梁，被认为对主家的财运、子孙兴旺等有重要影响，是最后加工的构件，其地位比发墨柱更重要。❷

砍伐发墨柱和大梁的时候，掌墨师傅需在树下烧钱化纸，祭拜山神、树神，请示山神要拿这棵树去做"玉柱"。师傅高声念道："此树不是凡间树，正好用来做玉柱。"念完后，由师傅开始砍树，旁边人念道："金斧砍一下，喜气临主家；金斧砍两下，主家要大发；金斧砍三下，兴旺又发达。"然后主家和众人接着把树砍好，运送回家。采伐时要特别注意保证杉木倒向东方。大梁采伐的时间一般要在上梁当天，以天未亮时最好，这叫"偷梁"，"偷"得的梁会"长发其祥"。而且，选择的木材必须高大挺拔，生长旺盛，周围要丛生几棵小树，表示"后继有人"。采伐时候搬运与上梁的人也必须父母双全。❸

6.2.1.3　加工木料

备好的木料由木匠师傅按设计所需加工处理成各种构件。除了掌墨师傅外，还需要请7~8个木工。一般选择在村里临近建筑基地的空地上搭个棚子，就形成了简易的加工场。正式开工之前要烧香拜神，祭品是一个猪头、禾把两把、一叠草纸等，祭神之后，把禾把和草纸卷起来，悬挂在工棚顶上，意思是祈求鲁班保佑加工过程和住宅

❶ 吴正光等. 西南民居. 北京：清华大学出版社，2010：252.
❷ 吴正光等. 西南民居. 北京：清华大学出版社，2010：252.
❸ 雷翔. 广西民居. 北京：中国建筑工业出版社，2009：45.

图6-11 木料加工

建造顺利。最后由掌墨师傅带回家。发墨时掌墨师傅一边弹线，一边为主家赠吉利词，如"墨斗香，墨线长，玉柱发墨，吉祥如意"等。墨线以预先制作好的丈杆来确定位置，对齐丈杆上的尺寸就可以凿榫眼和裁料了（图6-11）。

加工时，先用大木料加工柱、梁等主要构件，再加工枋、串等连接构件。楼板、门窗等在起架、安梁之后再进行加工。发墨柱需要择吉日进行加工，必须由父母双全的木匠加工，加工好后不能落地，任何人不能从上面跨过，所以要悬挂在离地一人多高的地方。起架之日，墨柱上披上红绸布，放下来与别的构件一起组装。起架之时，还要注意发墨柱的放置方向要与其树木生长的方向和朝向一致。大梁的加工过程和发墨柱类似。大梁完成后就可以等待上梁仪式了。

一般情况下，一栋高三层、四扇三进、五柱五瓜配披厦的木楼，要几百根大小、长短不一的杉木，要锯凿数千个宽窄、深浅不一的榫头和卯眼，结构工艺非常复杂。但是凭着掌墨师傅的经验以及事先制作好的丈杆、竹签等设计方案就能精确地建造起来，即所谓"一根竹，一幢楼"。

在木构技术较为高超的壮乡，柱子的平面不是圆形，而是加工成倒圆角的方形，这样的截面形状方便在柱子的四面开槽，安装屏风板等构件。加工过程中，用竹片代替皮尺作为测量工具，在上面用墨线标注各榫口的位置和尺寸。

壮族木结构房屋的加工工具依然使用传统木工工具，主要有画线工具——墨斗、墨笔，测量工具鲁班尺、直角尺、五尺尺，还有各型号的锯、刨、凿等（图6-12）。木工每天工作8~9个小时，三餐在主人家吃，建造一个标准的五开间干栏住宅，大约

图6-12 木工工具

需要50天。❶

6.2.1.4 发槌、排扇

一般在起架前一天，排扇之前，由掌墨师傅举行发槌仪式。发槌，实际上是告知众神与木匠始祖鲁班，请众神暗中相助，赐予主家吉祥、让弟子一切顺利如意。发槌时掌墨师傅口中念道："一槌敲响发人丁，二槌敲响发富贵，三槌敲响万代昌，大吉大利万年长"等等。发槌仪式之后，请来帮忙竖屋的众人就按照掌墨师傅的指挥，进行排扇。

排扇即用穿枋（排扇枋）把柱子和瓜柱都串联起来，连成一扇，如三柱八瓜屋就是把三根屋柱和八根瓜柱用穿枋串成一列，这就叫一扇；四扇三进屋，就需串好四扇，放置在事先搭好的简易木架上。❷

6.2.1.5 起架、安梁

选好吉日，主家和帮工的村民一起把装配好的整榀屋架拉起至直立，加装横向梁枋联系成整体构架，该过程称为"起架"。上房屋正梁还要举行隆重的"安梁"仪式。起架、安梁需要两天时间，是整个造房过程中需要人手最多，也是场面最热闹的环节（图6-13）。主人家提前送酒、糖等礼品到外家、朋友家通知吉日，盖房的主管会联系好起架当天来帮忙的本村人，并分配好工作。❸

主人家要提前准备好"安梁"仪式所需要的鞭炮、贡品、糍粑、梁布等。安梁一般在午时，时辰一到，鞭炮齐鸣，掌墨师傅烧香拜鲁班祖师爷，同时说些"彩话"（吉利话）请神灵保佑房屋、主人家、工匠都一切平安。祷念完毕，请四个父母双全

---

❶ 雷翔. 广西民居. 北京：中国建筑工业出版社，2009：45.
❷ 雷翔. 广西民居. 北京：中国建筑工业出版社，2009：45.
❸ 吴正光等. 西南民居. 北京：清华大学出版社，2010：255.

图6-13　起架安梁

的壮年男子将涂满土红色颜料的大梁拽上去，边拽还要边吆喝。升好后，由掌墨师傅穿上新布鞋去安梁、踩梁和坐梁，整个过程他都要颂吉利词，围观民众为之喝彩加油。最热闹的就是抛宝梁粑、硬币和糖果，掌墨师傅把准备好的礼物先向主人家抛下，然后向众人抛洒，大家欢天喜地地在下面争抢，这叫作"抛梁"。然后用铜钱或银圆（现用硬币）将梁布钉进梁底，红布挂满大梁，预示鸿运永发，故称之为"永发墙"。接下来，主人家会办宴席招待掌墨师傅、木匠、帮忙的亲戚朋友，即吃"竖屋酒"。

6.2.1.6　找平、挂瓦

接着，木匠师傅需对已立好的屋架找平。由于加工的误差以及场地平整度的原因，立好的梁架未必完全横平竖直，需要调整。壮族人用杠杆原理将梁架需要调整的部位抬起，用铅垂找平，通过增减柱础的高度来调整。

挂瓦为负责屋架工作的木匠师傅的最后一步工作，包括上檩条、钉椽皮、铺瓦片三个步骤。壮族地区大量使用小青瓦，尺寸为20cm×18.5cm，厚0.8cm。盖房时，主家请瓦匠来做瓦，瓦用淘净砂石的黄泥烧制而成。挂瓦时，先在椽皮上叠放仰瓦，再放盖瓦，由下到上，采用"压七露三"的比例，即保证瓦片露出30%，叠盖住

70%。❶这样挂瓦，既能保证与水流方向一致，不易漏雨，又能保证瓦片之间有足够的摩擦力，不易松动。

6.2.1.7 装修

屋架营造工作完成后，装修工作将由专门的装修师傅完成，主要包括安装楼板、外围的屏风墙、门窗以及室内装修等。室内装修可以根据主家的财力，慢慢装修，直至完善。

6.2.1.8 入宅归火

所谓入宅归火，就是乔迁新居，安置香火。香火供奉着壮家人的祖先和保护神，是一家之根本。当壮家起新屋或者分家时，都要将老屋的香火移至新屋，意思是把老祖宗请回来。因此，香火都是代代祖传下来的。

迁新居时还要进行安龙神的仪式，"龙神"被认为是掌管家庭龙脉的，也是保佑家畜家禽健康的保护神。安龙神时，由道师在堂屋楼下念咒，并贴五方龙神像，一套五张，一张黄色的龙神像居中贴在堂屋下一层中心竖立的一块木板上，堂屋下的两棵中柱和两棵后今（金）柱上各贴一张绿色的龙神像。龙神像上要贴符，在一层的鸡鸭圈和猪牛栏上也要贴相应的符纸。❷

6.2.2 鲁班尺与丈杆

6.2.2.1 鲁班尺与压白

在壮族民居的营造过程中，包括总进深、总面宽、总高度等建筑主要尺寸及门窗、神龛等主要构件尺寸，均由木匠使用的传统工具——鲁班尺来确定。鲁班尺长49cm，宽6cm，一面分10格，每格3.15cm，即为"一寸"；另一面分为八格，名称依次为"财、病、离、义、官、劫、害、本"，其中"财、义、官、本"代表吉，房屋及构件尺寸一般以落在"财、义、本"三格为好，"官"字较少使用；"病、离、劫、害"代表凶，一般应避开。比如，大门用"财"和"义"；香火堂用"官"；一层的构件多用"本"。鲁班尺不仅仅是确定尺寸的度量衡，也是人们趋吉避凶、将住宅作为影响命运祸福的媒介的一种体现❸（图6-14）。

"压白"是指建筑主体及构件的尺寸在使用了鲁班尺选到的吉利尺寸段之后，仍需选用一个吉利的尾数。《事林广记》中记载："《阴阳书》云：一白、二黑、三绿、

❶ 吴正光等. 西南民居. 北京：清华大学出版社，2010：255.
❷ 吴正光等. 西南民居. 北京：清华大学出版社，2010：259.
❸ 吴正光等. 西南民居. 北京：清华大学出版社，2010：253.

图6-14　鲁班尺

四碧、五黄、六白、七赤、八白、九紫，皆星之名也。唯有白星最吉。用之法，但以寸为准，一寸、六寸、八寸乃吉。纵合鲁班尺，更需巧算，参之以白，乃为大吉。俗呼之'压白'"❶。

因此，壮族建房，房高尺寸一般为一丈七尺八寸、一丈八尺八寸、二丈七尺八寸、二丈八尺八寸等，房屋进深通常取二丈八尺八寸、三丈七尺八寸等，而楼梯、窗格、火塘的尺寸则取"六"，尺寸最忌逢零，因为"零"为"断桥不利数"。这些建房的尺寸还变成了谚语，如"屋高逢八，万事通达""进深逢八，家发人发""楼梯逢六，挑谷上楼""窗格逢六，隔断鬼路"等。❷

6.2.2.2　丈杆与竹签

丈杆作为民居的"设计图纸"，由大木匠根据主家的需求及场地条件确定房屋的尺寸后，用长竹竿制作完成。丈杆尺寸略长于房屋的中柱，根据制作的构件对象，丈杆可分为大小两套。大丈杆长度以中柱为标准，但略长于中柱，头尾各留出1cm左右的富余，主要是防止丈杆两头磨损，以保证其长度的完整性和精确性。壮族地区建房通常只制作控制竖向尺寸的丈杆，其上刻画有各柱柱高、穿枋洞口位置和大小等关键构件的尺寸和位置。用类似的方法，在小竹片的一面画墨线标示卯口的入口、出口的尺寸，另一面标的是排枋名称，同一榀梁架柱子的竹片穿成一组，制作成扇状的小丈杆（图6-15）。❸

使用丈杆和竹签就把整个房屋的主要构件及次要构件的尺寸控制并归类好了，在进行木材加工的时候，比照它们就能裁定合适的构件尺寸，开凿榫口了。

❶　陆琦. 广东民居. 北京：中国建筑工业出版社，2008：142.
❷　雷翔. 广西民居. 北京：中国建筑工业出版社，2009：45.
❸　吴正光等. 西南民居. 北京：清华大学出版社，2010：252.

图6-15 丈杆和竹签

6.3 壮族民居营建经验

6.3.1 壮族民居气候的适应性

6.3.1.1 通风

广西气候湿热，壮族民居很重视自然通风。良好的通风不仅可以供给新鲜空气和带走室内热量和湿气，在夏季还可以依靠空气流动促进人体汗液蒸发从而降温，给人以舒适感。建筑中的自然通风，是由于建筑物可开口处存在着空气压力差而产生的空气流动，而造成空气压力差的原因有二：一是热压作用，二是风压作用。热压取决于室内、外空气温差所导致的空气容重差和进出口的高度差。当室内气温高于室外气温时，室外空气因较重而通过建筑物下部的开口流入室内，并将较轻的室内空气从上部的开口排除出去。进入的空气加热后，又变轻上升，被新流入的室外空气所代替而排出。这样，室内就形成连续不断的换气。风压作用是指风作用在建筑物上产生的压力差。当风吹到建筑物上时，在迎风面上，由于空气流动受阻，速度减小，使风的部分动能变为静压，在建筑物迎风面上的压力大于大气压，形成正压区。而在建筑物的背风面、屋顶和两侧，由于在气流曲绕过程中，形成空气稀薄现象，因此，这些部位的压力将小于大气压，形成负压区。如果建筑物上设有开口，气流就从正压区流向室内，再从室内向外流至负压区，形成室内外的空气交换。❶

壮族民居常选址于山坡，容易形成山谷风。白天，山峰吸收太阳辐射较山谷多，同时山谷上空与山坡上部同高度的空气距离地面较远，因此山坡上部空气增温较多，而山谷上空空气增温较少，两者存在温差。从而山坡上部空气上升到山谷上方较冷空

---

❶ 林涛. 桂北民居的生态技术经验及室内物理环境控制技术研究. 西安建筑科技大学硕士学位论文，2004：47.

气的上空，谷底空气则沿山坡向山顶补充，形成热力环流。夜间，山峰变成冷源，热力环流方向反转。壮族民居则常位于河流两侧，便于形成水陆风。这也是由于水体表面与临水的陆地表面得热不同而引起的空气流动。其次，在民居的内部，注意了风压通风和热压通风。图6-16为风压和热压同时作用的示意图，堂屋空间的中空间处理，既起到了兜风的作用，又加强了热压作用。另外，壮族民居建筑的细

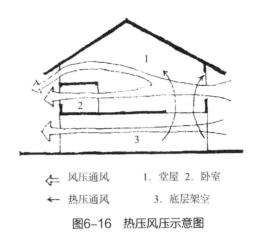

风压通风   1. 堂屋 2. 卧室
热压通风   3. 底层架空

图6-16 热压风压示意图

部处理反映了对通风的重视：在楼梯外侧出挑，形成一段窄廊，既便于晾晒衣物，同时也不影响外廊和堂屋等主要活动处的通风；在两侧山墙顶部多做开口处理，以及在生土墙面开通风口，都有利于室内空气流动；建筑檐部与墙面交界处的开敞式设计也能增强通风效应。

6.3.1.2 隔热

广西壮族聚居地区属于夏热冬暖及夏热冬冷地区。建筑重点要考虑夏季防热要求，适当兼顾冬季保温。为防止室内过热，重要的一点是控制外围护结构内表面的温度。为此，要求外围护结构具有一定的衰减度和延迟时间，保证内表面温度不致过高，以免向室内和人体辐射过多的热量，引起房间过热，恶化室内热环境，影响人们的生活。夏季白天，外围护结构内表面温度小于外表面温度。外围护结构在内外表面温度差作用下，室外热流以导热方式从外表面向内表面传递。外围护结构外表面所吸的热量有多少能传到内表面，围护结构本身的热阻起了重要的作用。另外，外围护结构外表面所吸收的热量有一部分转变为围护结构内能的增量，表征为其内部温度的升高，即蓄热。当夜幕降临时，室外热作用减弱，外围护结构所蓄热量就会同时向室内外散热。因此，民居外围护结构的隔热原则应该是白天隔热好，晚上散热快。

广西各地的壮族民居根据区域气候的差别，采取了不同形式的隔热处理：桂北地区采用全封闭的木屏风墙作为维护结构；气候炎热的桂西南地区的壮族民居在东、西面采用木骨泥墙，提高了围护结构的热容，而正面采用木板墙能保证室内的通风和采光要求；桂中地区的壮族民居多采用夯土、砖石作为围护结构，热工性能较好。

全木干栏民居的围护结构厚度较薄，热容量较小，从而内表面的温度波幅较大，出现最高值的延迟时间较短。为了增强围护结构的隔热能力，建议做如下改进：

（1）根据浅色表面对短波辐射反射系数高的特点，在建筑的外表面采用浅色的饰面，以减少围护结构的表面对太阳辐射的吸收率，从而降低室外综合温度；（2）应用隔热材料提高围护结构的热阻和热惰性指标值，从而加大对波动热作用的阻尼作用，使围护结构具有较大的衰减倍数和延迟时间，降低围护结构内表面的平均温度和最高温度；（3）在围护结构内设通风间层，做成通风屋顶或通风墙，这些间层与室外相通，利用热压和风压作用使间层的空气流动，从而带走大部分进入间层的辐射热，减少了通过下层围护结构向室内的传热，有效地降低围护结构内表面的温度；（4）利用水的蒸发和植被对太阳能的转化作用进行降温。❶

6.3.1.3 遮阳

在造成室内过热的因素中，太阳辐射的影响的很大的。太阳辐射通过地球大气层之前的辐射，称为天文辐射，也称上界辐射。天文辐射在通过大气层中受到大气中各种成分的吸收、削弱后到达地面的辐射能，称为"太阳总辐射"。太阳总辐射由直接辐射和散射辐射组成。太阳直接辐射是天文辐射通过大气层后直接到达地面的辐射。太阳散射辐射是天文辐射通过大气层时被空气分子和大气中的悬浮粒子扩散透射或扩散反射后到达地面的辐射。在晴天时，太阳直接辐射量与太阳散射辐射量之比大约为9：1。❷

壮族民居尤其重视遮阳设计，主要的遮阳形式包括：挑檐遮阳、利用外廊遮阳、披厦遮阳、利用吊柱出挑遮阳等。壮族民居屋檐出挑一般在60～100cm，不仅在正面挑檐，即便是在山墙面上也设有挑檐。桂北地区的壮族民居多在山面做披厦屋面，降低了山面高度，减轻了东、西晒，也美化了外观。外廊是壮族民居的特征之一，作为建筑室内与室外联系的过渡空间，外廊也很好地起到遮阳的作用。桂西那坡地区的壮族民居，进深很大，达到13～14m，屋内非常阴凉，这也是民居利用地形并适应当地日晒强烈气候的举措。此外，山地建筑间距较密，互相遮挡也能有效降低太阳辐射。

6.3.1.4 防雨

防雨包括三个方面：遮雨、排雨和防漏。"遮雨"是利用建筑外围护结构遮挡各种形态的雨对建筑室内空间的侵袭。包括从天而降的雨水和经地面反弹的雨水；"排雨"就是利用坡度把落到屋面、地面的雨水及时排到建筑外围；"防漏"就是防止雨

---

❶ 林涛. 桂北民居的生态技术经验及室内物理环境控制技术研究. 西安建筑科技大学硕士学位论文，2004：46.

❷ 林涛. 桂北民居的生态技术经验及室内物理环境控制技术研究. 西安建筑科技大学硕士学位论文，2004：53.

水对建筑外围护结构的渗透。

壮族民居采取的防雨措施有：坡屋顶、深出檐、屋面举折、层层出挑等。屋面的遮雨功能主要通过防水材料得到实现。壮族民居中，最常见的屋面防水材料就是瓦。瓦通过其材料的密实性起到了"堵"的作用，从而防止了"直落雨"向室内空间的侵袭。而为了防飘雨角较大的风雨侵袭，民居往往出檐较为深远。另外，壮族民居的梁、柱、墙几乎全为木，而木材遇水易腐，因此，层数较多的民居往往利用吊柱层层出挑来防止雨水侵袭。桂北山区多雨，其中的壮族民居屋顶多有举折做法，在屋面形成略微上翘的曲线，可以使屋面落雨甩出更远，杜绝了飘雨的隐患。为了防经地面反溅的雨水，壮族民居采取了将房子建在石砌的台地上，并在木柱下端设置石柱础的方法，尤其是檐面的柱础多有加高处理。虽然瓦本身具有防水性能，但它尺寸小、接缝多，容易造成渗漏，近来龙脊地区的新式民居在檩条与椽皮之间增设了防水卷材，大大提高了民居屋顶的防御能力。

6.3.1.5 防潮

防潮主要涉及夏季的结露问题。春末夏初，海洋湿暖空气频繁登陆，与北方南下的干冷空气交锋。每次登陆前，干冷气候呈强势，空气温度和湿度都低，地温、墙温甚至家具温度也低。湿暖空气登陆后，驱走干冷空气，室内的气温升高较快，且湿度较大，但地温、墙温甚至家具温度升得慢，它们的表面温度比空气温度低，往往低于室内温暖空气的结露温度，于是，接触地面、墙面和家具表面的湿暖空气中的水蒸气就凝结成小水滴。此时，如果地面、墙面和家具表面有可吸水的微孔，则小水滴就渗入微孔内，地面、墙面和家具表面就表现为干燥状态；如果地面、墙面和家具表面没有或很少有可吸水的微孔，则小水滴就积聚在表面，于是，地面、墙面和家具表面就表现为潮湿状态。这种现象也被称之为"泛潮"。❶

壮族民居在防潮方面也有独到之处：首先，采用底层架空，可以有效隔离地潮。底层架空后，地面脱离大地，原来寒冷的地面吸收了湿暖空气所含的热量，不被传到大地中去，而用来提高自己的温度。只要地面的温度不低于湿暖空气的凝结温度，与地面接触的湿空气就不会有凝结水出现，地面就保持干燥。其次，传统民居的墙体和地板都采用木材，蓄热系数较大，从而有利于提高表面温度，减小夏季结露的可能性。最后，木材是一种多孔性材料，其自身的吸湿和解湿作用也可以直接缓和室内的

---

❶ 林涛. 桂北民居的生态技术经验及室内物理环境控制技术研究. 西安建筑科技大学硕士学位论文，2004：56.

湿度变化。最后，壮族民居中，外廊栏杆多采用栏板式，且大门处常设有门槛，这些措施使流入室内的较高湿度的空气浮在上面，而不易与温度较低一些的地表面接触，对泛潮也起了一定的控制作用。另外干栏建筑落地柱多采用石质柱础，可有效隔离地面潮气。

6.3.1.6　节能

壮族民居的节能措施以被动节能为主，包括：（1）利用自然通风降温。门窗对开，窗窗对开，造成穿堂风；（2）采用坡屋顶取得了较好的防晒效果，同时利用挑檐遮阳、外廊遮阳防止太阳热辐射，另外，建筑布局较密，利用相互遮挡也有效地防止了太阳热辐射；（3）冬天采暖主要是利用太阳辐射热，火塘则可作为辅助的热源。

如今，在壮族民居中还广泛利用沼气。沼气是一种方便、清洁的气体燃料，可用于炊事、照明、农副产品烘干、果品保鲜等。通常人们以人和家畜以及秸秆为原料生产沼气，其主要成分是甲烷，燃烧效率较高。另外，沼气的燃烧安全性也较好。因此，兴建沼气池、开发利用沼气是一条保护生态资源、节约能源、提高农村生活水平的有效途径。

6.3.2　壮族民居自然环境的适应性

6.3.2.1　聚落开发与资源利用

壮族传统聚落多位于山区，由于平地少，只能开发山地以增加耕种面积，从而形成绵延数里的梯田景观。村寨选址于山腰，对于"旧出而作，日落而息"的小农生产，提供了出寨不必远行，可就近耕种的方便条件。另外，建于山腰，既能保证良好的日照，又有理想的通风条件。

山区壮族世代以农业经济为生。作为一个农业民族以及每一个村寨的居民群体，其生产和生活对于各种自然资源的需要，构成了一个环环相扣、相辅相成的综合体系，不仅要有足够的土地（水田和舍地）可供耕种，要有充足的水源可供灌溉和饮用，以满足其生产和生活的需要，而且还要有足够的活动空间和其他的自然资源，这样才有可能保障村寨居民生产的可持续发展。因此，壮族聚落对土地采取适度开发的策略。选定村寨位置以后，因地制宜，将平垌及溪河两边地势较低或临近水源、便于灌溉的土地开垦为水田，种植水稻。水田较多并能满足其生活需要的村寨，只开垦临近的少许舍地，种植芋、薯、花生及瓜豆类，以满足其自给自足的生活需要。而可耕水田较少的地方，就要开垦较多的舍地，种植芋、薯、麦等杂粮和瓜、豆、花生等作物。但无论是以种植水稻为主的村寨，还是半田半舍或舍多田少的村寨，对于周围的土地总是渐次开垦，以满足人们的生活需要为原则，并非寸土必垦，寸荒不留。这种对于土地资源的适度与合理的开发，避免了对于自然生态环境的破坏，维护了自然生态的平衡，保证了传统农业的可持续发展。

水是生命之源，人类生活和生产始终离不开水。壮族对水有着深厚的情结，对水格外珍惜和爱护。各村寨多定有保护水源的规约，尤其是对饮用的水源，严禁在饮水处洗澡或洗刷衣物，更不能将污物投入水井，大家都能自觉遵守，违犯者不仅受到众人的谴责，而且还要受到严厉的处罚。如果有溪河从村寨附近流过，人们往往修筑堤坝拦水，引水灌田。但人们在溪河中所筑堤坝的高度和所拦截的流水量，以满足农田灌溉的需要为原则。一般只是用石块砌成稍高于正常水面的堤坝，一边留有泻水孔，略微提高溪河的水位而已，而非堵死截尽，以保持溪河下游流水不断，使下游的居民也可正常用水。如果村寨前或旁侧没有溪河，人们就在泉眼处挖扩和修筑成水井，以方便村寨居民的生活用水或引水灌田，并根据水质的好坏将水分为饮用水、洗刷水和灌溉水，各尽其用。

聚落居民的生活离不开用于修建房屋的木料和用于炊煮或烤火取暖的柴草，需要有充足的木材及柴草供应的山林资源。因而，壮族村寨附近往往都有一片绿色葱郁的杉树、松树、毛竹和其他木料的山林，当砍伐树木的速度小于、等于树木自然更新速度时，林木资源的供应就有保证，也不会对自然环境造成破坏。桂北民居在这方面做得很好，首先，各村寨定有严格的保护山林的村规民约，人们采伐有度，严禁乱砍滥伐。特别是村寨背后的山岭实行封山育林，不准砍伐，其目的一是为了美化聚落环境，防止水土流失；二是防止山上岩石因风化崩塌而损坏聚落民居伤及人畜。而且砍伐地点也不断变换，以保证山上植被的再生能力，使林木资源不断绝，保证聚落居民生活的需要。

6.3.2.2　建筑形态因地制宜

壮族村寨多建于坡地上，工匠们因地制宜采用悬挑、垒台、架空或按地形层层退台等构架方法创造性地解决了房屋与基地的关系（图6-17），并在此基础上协调了人与空间的关系。

6.3.2.3　建筑材料就地选用

壮族居住的山区盛产杉树。杉树产量高，树干笔直，生长迅速，防腐性好，因此成了壮族干栏建筑的主要建材。除杉木以外，还有生土和石材，都能较方便地就地取得。

杉树抗压、抗拉、抗弯性能均衡，且自重较轻，常用来做建筑主体框架、屋顶以

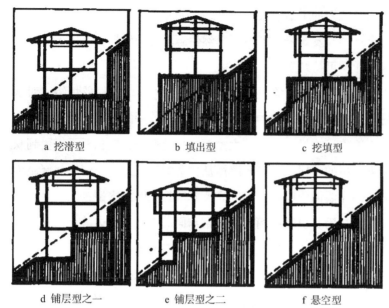

a 挖潜型	b 填出型	c 挖填型
d 铺层型之一	e 铺层型之二	f 悬空型

图6-17　民居建筑坡地关系示意图

（来源：李长杰《桂北民居》）

及楼板。杉木由长纤维细胞组成，长纤维细胞与树桩平行排列，因此与年轮形成的木纹相平行，拉力和压力强度近似相等，能够承担轴向压力、轴向拉力及弯曲荷载。由它构成的构件还具有自重轻的特点。在生产力水平比较低下的情况下，较为适合建小跨度、楼层低的建筑。壮族工匠在长期运用杉木建房的过程中熟悉了杉木的力学性能，能有效地将其加工成不同尺寸与受力特点的建筑构件。杉木虽不是最好的建筑材料，有着易变形、扭曲和腐烂的缺点，但在桂北地区和当地的生产力发展水平条件下，杉木是最合适的建筑材料。在匠人已有的技术水平下，杉木是易于加工和建造的。因此，匠人、材料、建造三者之间能形成一种积极的平衡关系。

石材和生土因其物理性质的不同，被壮族人民利用在不同的建筑部位，做到了物尽其用。例如，石材防水、防腐，常用来做建筑基础、墙裙以及柱础；夯土隔热性能好，造价便宜，常用来做建筑山墙。

6.3.3　壮族民居建材与构造

6.3.3.1　建筑材料

1. 木材

全木干栏建筑主要分布在桂北、桂西以及桂中的边远山区。它是广西壮族最为传统和古老的建筑形式。这种建筑形式以木材为主要建筑材料，木材以杉木为主，取自周边山林，并持续栽种以维持世代需求。木构干栏建筑热工性能较好，通风效果好，结构轻盈，抗震性能佳，不足之处是，封闭性一般，防水、防潮、防火性能差，耐久性也一般。山区村寨经常发生火灾，这对于人民生活和建筑遗产的保护都有威胁。

壮族木构干栏建筑多用杉木，柱、枋、板、檩、门窗以及立面屏风板材均用杉木制作，杉木材直且防蛀，便于加工，因此是首选的建筑木材。近年来，在缺少杉木的地区也有使用松木和其他杂木的。由于木材是自然生长而成，其规格大小不一，太细小的木材不能作为结构主要构件。比如：对柱和瓜柱的要求是相对竖直，柱和瓜的梢径不能小于13.3cm，以保证挠度并牢固承接檩条；楼楞的梢径不能小于8～10cm，以保证足够的刚度。小于这个规格的木材可以做门窗等细小构件，以做到物尽其用。

龙胜龙脊地区的杉木资源丰富，且村民注重种植以保证林木资源的可持续利用，当地的杉木被称为"十八年杉"，意谓十八年即可成材，父辈种植的木材，儿孙都可以持续使用。在桂中石山地区，气候和地质条件不适合于杉木的生长，很多地方也用其他杂木来建造房屋。比如那坡地区使用椿木，同样也生长较快且笔直，但木材容易空心，不如杉木质地好；龙州地区盛产枧木，当地壮民也有使用枧木来建造房屋，但是枧木生长缓慢，可持续性较差，且木质非常坚硬，因此加工也较困难，可以用来做砧板。因此，在这些地方木构干栏建筑面对难以为继的困境，不似龙脊地区那样呈现生生不息的态势。

对于砍伐下来的木材，因其树种不同，各地壮乡也有不同的处理。龙脊地区的杉木一般不做防水防蛀的处理，而是自然阴干即可加工；在百色德保地区，由于使用杂木建造房屋，其木材砍伐下来之后，需在水田里埋放10～20年，使木材被泥沙充分浸泡，使用前还要彻底阴干，长达数月，据说这样浸泡过的木材不生虫、不开裂且防火性能也大大提高，因此，当地人一成年就要砍伐木材，为自己的下一代准备房屋建材了。

2. 生土

夯土、泥砖地居建筑主要分布在桂中、桂南的广大地区，以平原、丘陵地区为主，土山区也有分布。这种建筑形式以生土为主要承重墙体材料和维护结构材料，生土取材方便，造价低廉，节省木材，而且建筑的热工性能好，冬暖夏凉，防火也较好，不足之处是，防雨性能较差、开窗受限而通风性较差、抗震性能较差、墙体容易开裂。夯土与泥砖虽然都以生土为主要原材料，但制作和施工工艺不尽相同。

夯土墙的主要材料使用泥土、砂、石灰、稻草、纤维进行混合，然后加少量水拌和。❶施工的时候，用一种能够固定在墙上的专用木制盒，用锹往板上添土，人

---

❶ 陆琦. 广东民居. 北京：中国建筑工业出版社，2008：269.

站在墙上，然后用特制的榔头，把松软的土夯结实；另一种方法是用两块长长的木板，栽上几根木桩，用粗绳子把木板固定住，形成一个木槽，再往木槽里添土，用木榔头把土捶紧。砌筑墙体时，四向墙体按高度分层整体砌筑，大约50cm一圈为一层。有的夯土墙，为了增加强度，每隔50cm放横竹一支，也有的在横竹之间用竹篾或竹片加铁丝以连接。有的在墙中置粗竹两根，上下各一，以增强其刚度。也有不用竹，用小木柱代替者。❶这种做法，结构的整体性较好，但施工工艺较为复杂，需借助模板，有点类似于混凝土的升模施工（图6-18）。

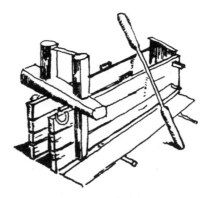

图6-18　夯土模板
（来源：陆琦《广东民居》）

桂西那坡地区的壮族村寨中，民居的山墙采用木骨泥墙（图6-19）的做法，即用树的枝干扎成排栅，中间用草茎充填，然后再覆盖草茎泥而构成。穿斗山墙辅以竖向编排的树枝，构成一个支撑力较好的泥土附着面，使其牢固粘接。这种建材的制作工艺简单又能增加干栏建筑的防火性能。它与广西晓锦遗址中发现的新石器时期的木骨泥墙住宅的墙体做法极为相似，是一种原始的建材工艺。

图6-19　木骨泥墙

泥砖又称为水砖，它是用生土做成土坯砖，再用这种砖来砌墙。做砖的方法有碾压、和泥等多种，在水稻田比较多的地方，做砖多采用碾压的方式。其工序是选一块较平整、离村湾不远的稻田，收了稻之后，不等田里的土太干，就用牛拉上打场用的石碡，在田里把表面的一层土碾结，这道工序用的时间较长，据说要碾到一块砖上有7个牛的脚印，才算碾好了。碾好后，趁土还没有干，就用铁锹在土上切出一条条的缝，再用一种专用的锹，前面一个人用力拉，后面一个人掌着专用的锹，把土撮成一块块的砖。和泥的方式也有几种，一种是把适合做土砖的土浇上水，把牛赶到浇了水的土里，和成泥巴，再把泥巴放进专用的木架里，做成一块块的土砖。砌墙的时候，

❶ 陆琦. 广东民居. 北京：中国建筑工业出版社，2008：269.

砖和砖之间的黏合，也是用泥巴。

3. 青砖实墙

壮族地区的汉化地居式民居，多为广府和湘赣两种形制，其建筑材料也同样采用砖砌实墙（图6-20），厚约40cm。一般采用水磨青砖砌筑，常不粉刷，也有刷以白灰者。最好的青砖材料通常用于大门两侧和正面，提升门面形象。青砖规格大多为24cm×11.5cm×7cm。对青砖要求质坚而声脆，棱角规整。砌筑时要整齐，有规律，缝隙要小。其砌法有一顺一丁，三顺一丁，五顺一丁或七顺一丁。因砖墙防火性能好，故山墙部位都用青砖实墙砌筑。❶广西壮族人原本不会烧制砖瓦，这一技术是随汉族移民而传播入桂的，至今在广西各地的农村中，烧制砖瓦的多为湖南或江西籍移民。

图6-20　青砖实墙

4. 石材

由于木材防水性能差，通常用整块石材来做木柱的柱础。柱础之下，为了平整山地凹凸不平的场地，常用毛块石、毛片石、卵石等砌筑房屋基座和地基（图6-21），石材透水和防水性能好，沉降稳定，在山区又能就地取材，十分方便。在有些壮区，石材丰富，为节约木材，也有用石材做砌筑干栏底层，能够为牲畜提供更封闭安全的

图6-21　石材墙基

---

❶ 陆琦. 广东民居. 北京：中国建筑工业出版社，2008：270.

图6-22 多种材料搭配

栖息环境，同时又有较好的防潮、防水作用。例如百色德保县那雷屯的干栏建筑，结合了穿斗木架、夯土山墙、石砌台阶等多种建材元素，各展所长，形成丰富的材料混搭效果（图6-22）。

6.3.3.2 大木构架及构造

1. 柱

柱子可分为落地柱、瓜柱和吊柱。落地柱按位置不同，由一榀屋架中心往外依次为中柱、金柱、小金柱、檐柱，主要起传递竖向荷载的作用。柱底直径一般为20～30cm，细长比一般为1/15～1/25，中柱的柱径最粗。瓜柱为设于落地柱间，支撑在枋上以解决屋面支撑问题的短柱，柱径为15～20cm。在瓜柱中，最特殊的为位于堂屋正门两侧的燕柱，其产生的主要原因为通过燕柱的设置以加宽门楼的进深，从而营造足够大的门楼空间。燕柱名字的由来，有燕子做窝的说法，也有由壮族发音翻译而来的说法。燕柱的目的是为了入口门廊局部加宽，形成"退堂"的空间效果，这种做法仅在龙胜龙脊地区的几栋最古老的干栏建筑中见到，近代、当代的建筑已经没有这种做法，在桂西和桂南地区也未见到。

柱础通常是截面尺寸略大于柱截面的方形或者圆形整石，高度通常在20～40cm，石质柱础能起到防潮、防水的作用。桂西那坡地区的壮族干栏建筑的檐柱以略带收分的圆柱形条石做柱础，高度在1.5～1.7m，应该是考虑到檐面最临室外以及防飘雨的情况而做高柱础，更有利于保护木材柱身。

2. 枋、梁、串

枋是指单榀屋架内的水平联系构件，其主要作用为串联各柱子并承接柱间瓜柱以组

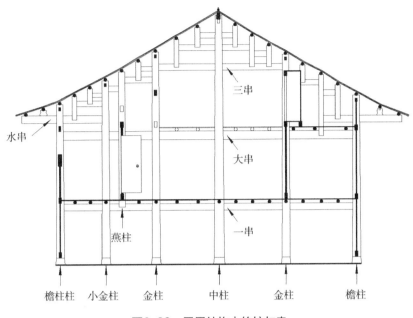

图6-23　民居结构中的柱与串

成完整屋架。截面宽为4~6cm，高为14~26cm，分为排枋和拉结枋。龙脊地区称穿枋为"串"，单榀屋架中穿通各落地柱的三根长枋，自下而上分别为一（幺）串、大串、三串。通常情况下大串伸出檐柱以成挑檐，部分民居为使檐面抬高以增加屋内采光，在大串之上还设有水串，出挑承托屋檐（图6-23）。

梁是指联系各榀屋架的水平构件，截面尺寸与枋相近，主要起拉结作用，其中最重要的为堂屋上方的正梁，其尺寸一般粗于其余梁。

枋、梁、串与柱身以卯榫连接。榫头根据枋的尺寸以及柱径的大小而定，榫头宽度通常在4~6cm，高度在12~20cm。榫头插入柱身后，用木栓或竹栓固定。

3. 屋面

屋顶多采用木构坡屋顶形式，结构形式以穿斗式为主，屋顶瓦材多为小青瓦。也有的地方，由于经济条件落后，采用茅草、树皮做屋顶，颇具原始情调。

穿斗结构屋面做法是以柱头直接承接檩条，每檩一柱，出檐必有穿枋挑出，以支撑檩条，檩条直径约为10cm，檩条间距即为一步水的长度，通常在40~80cm，于檩条上依次铺设望板和瓦片。前文提到有大叉手斜梁结构的屋顶，其檩条不需要和各柱顶对应，而是按照一个间距均匀铺设在斜梁上，但是其檩条间距基本上也和纯穿斗结构的檩距相仿。由于建筑面宽方向长度很大，在木材不足，檩条不可能通长的时候，一般在柱顶支撑处采用"燕尾榫"或者"巴掌榫"相连接，以保证整体强度；而有大叉手结构的建筑，檩条是以搭接的方式连接的。

传统壮族民居中在檩条下设置随檩枋，设置原则为堂屋每根檩条下都设置随檩枋，其余间只在落地柱上设置随檩枋，截面尺寸为8cm×5cm。檩条上铺设椽皮，宽度为10cm，铺设的间距为10cm。椽皮上搁瓦，瓦片为青瓦，是直接铺设在椽皮之上的。瓦片尺寸为20cm×18.5cm，厚度为0.8cm，铺设方式为"压七露三"。出于屋面的美观以及排雨水的考虑，民居坡屋顶还有举折和升起的做法。

（1）屋面举折

壮族民居屋面坡度的主要做法有"金字水"和"人字水"，两者的区别体现在屋面横向剖面上，前者为按坡度1/2（高一横二）放坡的直线屋面，做法简单，易于掌握，桂西那坡地区的壮族民居多采用这种形式；后者为通过"举折"处理所形成的多段折线型屋面。"人字水"屋面形态上较前者优美，类似于"人"字状的屋面曲线能在下雨时将落水抛得更远，并能防止瓦片滑落，但是对于木材加工技术和精度要求较高，桂北龙胜地区的壮族民居普遍采用这种做法。

"人字水"屋面的具体做法为：画丈杆前，先确定小金柱（进深方向前金柱与檐柱之间的落地柱）的柱高，由小金柱至檐柱以$i=0.45$放坡，确定檐柱高；由小金柱到大金柱（前后金柱），以$i=0.48$确定大金柱（前后金柱）柱顶高；由大金柱到正柱取坡度$i=0.51$确定正柱柱高，各柱顶中心连线经过调整后形成多线段折线（图6-24）。

桂西北西林地区壮族民居的屋面前檐门廊采用"小重檐"的做法，见图6-25，这种做法的工艺水平介于那坡民居与龙胜民居之间，其功用也是为了更远地抛离雨水，

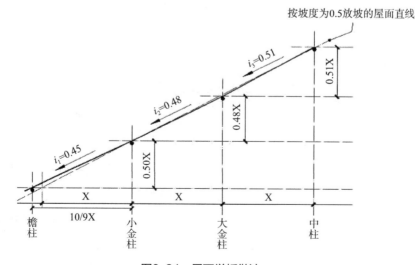

图6-24　屋面举折做法

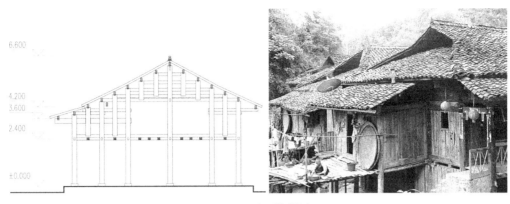

图6-25　小重檐做法

在广西合浦汉墓出土的陶屋中有类似做法，可见其古老。

（2）屋脊升起

壮族民居纵向屋脊线升起的做法为东、西面两侧山墙的屋架自大串往上加高2寸（约7cm），并保持各串枋位置及各落地柱上联系梁榫口位置不变，屋脊线变为三段式折线（图6-26）。

4．挑檐

为了防雨，壮族干栏民居都有宽大的挑檐。挑檐有几种做法：一种是屋架大叉手的斜梁直接挑出，并以檐柱支撑，比如那坡达文屯民居挑檐（图6-27），有的还在檐柱上辅以斜撑；一种是以大串或水串挑出，以柁墩承接檐面的做法，比如龙胜龙脊村

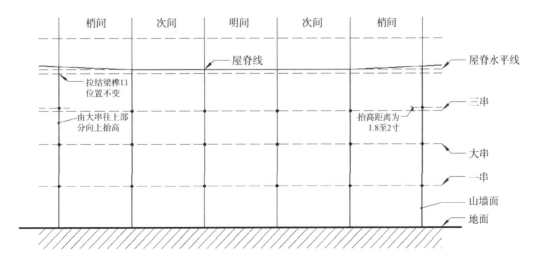

图6-26　屋面升起做法

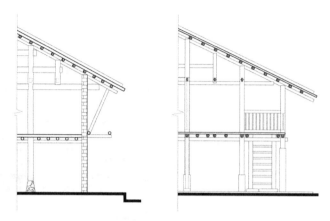

图6-27 达文屯民居挑檐做法

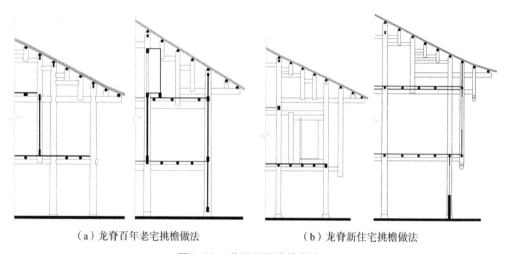

（a）龙脊百年老宅挑檐做法   （b）龙脊新住宅挑檐做法

图6-28 龙脊民居挑檐做法

百年老宅的做法；还有一种是水串挑出，水串榫接吊瓜或吊柱，吊瓜或吊柱承檐檩，例如龙脊村中生代和新生代（近20~50年）民宅的做法（图6-28）。挑檐出挑长度在80~100cm。

5. 披厦

披厦（偏厦）是为了扩大使用空间和遮挡雨水在山面之外增设的附属于主体的部分。披厦屋面坡向主体山墙，与主屋面一起形成类似汉族歇山的结构。桂西与桂西南地区的壮族民居很少使用披厦，桂西北山区的壮族干栏则只要在场地和经济条件许可的情况下都会在房屋梢间加建披厦。披厦三面起坡，屋顶构造相对复杂，坡面相交部分戗脊的处理就尤为重要。绝大部分披厦的戗脊是采用斜梁的做法，即用一根较粗的木梁一端搭接在披厦的檐柱和吊柱上，另一端则直接搁置在山面一榀梁架的穿枋上，

（a）壮族民居披厦　　　　　　　　　　　（b）汉族民居歇山

图6-29　壮族披厦与汉族歇山比较

其上再铺设屋面檩条。干栏主体采用柱头承檩的方式，而披厦部分却为斜梁承檩，不如汉族民居中的歇山结构那么复杂、成熟（图6-29），可见，披厦这一做法并未完全融入壮族干栏木结构系统中，应该出现得较晚。

在汉族建造文化的礼制规定中，屋顶的形式如庑殿、歇山、悬山及硬山，有等级之分，民间的居住建筑往往只能使用后两种屋顶做法。壮族民居中，干栏建筑一般采用悬山的做法，夯土地居式建筑也采用悬山做法，少量的广府式砖木地居建筑采用硬山、封火山墙的做法。但是，一些山区的木构干栏建筑并不受汉族礼制的约束，它们根据生活的需要，发展了类似歇山做法的屋顶形式——披厦。

根据梢间大小及是否有戗脊，又可分为大披厦和小披厦。大披厦结构的开间宽度与房屋主体结构的单开间宽度相近，同时从两角檐柱向山墙屋架的金柱方向发戗脊。戗脊一般只简单地斜搭在与金柱间的穿枋上，披厦屋面坡度与建筑主体屋面坡度一致，这样披厦屋面的檩条与主屋面的檩条可水平相接，构成一圈。小披厦，实际就是山面的披檐，面宽通常在60cm左右。批檐通过山面的吊柱出挑，不发戗脊，而由吊柱和吊瓜支撑檩条和坡屋面，坡度亦为1/2（图6-30）。

6. 基础地面

广西山区多石，毛石随处可得，因其具有易开发、成本低、易加工、就地取材的特点，而被广泛应用于建筑基础。建房前先平整出一块平地作为房基。建房前先打地基，地基挖1m多宽，深度则视地质而定，一般1m左右。在挖好的地基处填入2~3层碎石，用锤打实，再用石头砌成0.5~1m高的石制墙基。底层地面则在平整的基地上面以石块铺砌成平坦的台地，设基石。各落地柱设置柱础，"最早的木柱是种在地下的，为了防止柱的下沉，便在柱脚部分放置了一块大石，这是最原始的柱础。后来发觉木柱埋在泥土

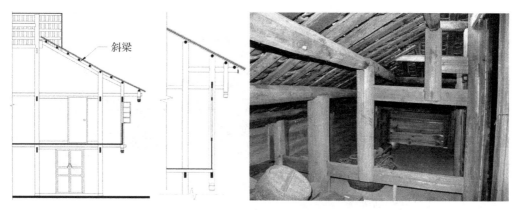

图6-30 大披厦和小披厦做法

中很容易潮湿而腐烂，于是将原来位于柱脚的石块上升到地面上去"。柱础高度通常在30～40cm，有的地方将外檐柱础特别加高到1.5m左右，以防飘雨。 ❶

7. 楼梯及台阶

壮族传统民居中入户楼梯有侧入和直入两种形式，楼梯由木材搭建或者条石砌筑。侧入楼梯的方位一般由一个地方的风水、习俗以及房屋与地形的关系来决定，比如龙胜龙脊地区的楼梯一般选择从正面东向侧入户，也有后入和山面侧入的，那坡达文屯的楼梯都设置正面朝西，德保那雷屯的楼梯均为正面直入。梯段级数一般为9或11级，因为壮族人认为奇数较为吉利。楼梯宽度为1m左右，一级踏步高度约为14cm，踏面深一般为25cm。

❶ 周杰. 原生态视野下的广西黑衣壮传统民居研究. 上海交通大学硕士学位论文，2009：39.

结 语

壮族传统聚落及民居建筑是壮族社会历史文化的物质载体，它诞生于广西地域内独特的自然地理环境与人文环境，并在文化变迁中不断发展、变迁，最终形成今天庞杂、纷繁的建筑现象。本书从广西壮族所处的自然与人文背景出发，追溯了壮族的族群起源与民族发展，总结了广西壮族文化的若干特点以及其对建筑文化的影响。

在大量田野调查与实地测绘的基础上，对壮族传统聚落、民居进行了分类研究，继而总结其建造技术与文化。在对聚落、建筑形制分类研究的基础上，根据建筑形制的构成要素进行了壮族人居建筑文化的分区，透过分区这一建筑现象，探讨建筑间地域差异的深层原因。本书的创新点主要有：

（1）结合人文与自然背景，以聚落形态、建筑平面形制与构架类型作为依据，对广西壮族人居建筑文化进行了区划，分为桂西北干栏区、桂西及桂西南干栏区、桂西中部次生干栏区与桂东地居区四大分区。

（2）在建筑文化分区的基础上，分别就平面入户方式与空间格局、结构形式、立面特征等方面，深入阐述了四个分区民居建筑的特点并进行比较研究，从而分析壮族民居差异化的原因，并对壮族民居演变的内在机理进行剖析。

（3）对壮族传统民居的装饰艺术、建造文化和营建经验进行了全面总结。

（4）分析了广西境内壮族传统民居保护与发展的现状，指出了不足之处，并提出了相关策略。

笔者通过研究广西壮族传统聚落及民居的生成、发展、区划、类型和技术经验，总结出以下几个结论性的意见：

（1）壮族传统聚落的组织结构主要是遵循自然、因地制宜，但同时也有风水、宗族观念的考量，只是前者所占比重较大，最终形成了壮族传统聚落自由、随机、趋于功利性以及无明确中心性的布局理念。

（2）"干栏"是广西壮族传统民居中最为原始的建筑基因，它是壮族人民在长期的历史过程中选择并发展的居住模式，虽然汉文化的传播与居住观念的嬗变引起了建筑形制的变化，但在壮族聚居区，干栏的元素仍然被或多或少地继承与保存下来。古代岭南地区曾经出现过地居建筑的传统——新石器时期的木骨泥墙地居，但是并没有继承下来，桂东地区的壮族地居式民居，应是当地汉文化影响的结果，并不能将之定义为真正意义上的壮族传统建筑文化的范畴。

（3）与众多文化独特性保存较完整的少数民族相比较，壮族由于历史社会以及民族个性的原因较多地被汉族同化并完全融入汉族社会之中。但是，不能把干栏建筑仅仅定义为少数留存的全木构干栏，广西地区大量的次生形态干栏与地面化过程中的干栏民居恰恰是壮族兼顾自己民族建筑文化传统并大胆吸收采纳外界文化、技术、观念的发展与创新。

（4）广西壮族民居在长期的建设家园的过程中发展完善了穿斗木构技术，并形成了自己独特的营建文化与丰富的营建经验。其营建文化既有汉族道家文化的影响，也有自身宗教的元素，而其营建经验则是在独特地理自然环境中长期累积而成。

（5）从聚落格局、平面形制、构架形式与立面特色等方面的区别入手，可以将壮族传统聚落及民居分为四个建筑文化分区。造成建筑文化区域分布的真正原因是：山形走势、气候与植被、族群与风俗习惯、流域与文化传播的地方差异以及诸因素的相互作用。

（6）广西壮族传统聚落及民居在保护与传承上存在着覆盖面不够、保护手段单一、修复与限制细则不够完善、文化内涵挖掘不足以及专业素养不高等问题。需从制定分级策略、鼓励民居更新、注重改善居民生活等方面进行加强。

本书对广西壮族传统聚落及民居的研究，仅仅是就广西地域内保存较为完整的壮族传统聚落与具有特色的民居进行了形式与内涵的总结与梳理，田野调查虽然也遍及广西壮族聚居区的各主要县市，很多也只是走马观花式的浮光掠影，未能深入到各个偏远乡镇，既有时间与经济的限制，也缘于语言的障碍。这些研究对于庞博的壮族文化与纷繁复杂的建筑现象而言，还远不够完整与深刻。不过，希望它能打开一扇窗口，让更多的学人步入到广西的各大山川、乡村城镇去探索壮族文化的神奇与魅力。

参考文献

学术期刊

[1] 王文卿. 中国传统民居的人文背景区划探讨[J]. 建筑学报，1994，01.

[2] 朱光亚. 中国古代建筑区划与谱系研究初探[C]// 陆元鼎，潘安. 中国传统民居营造与技术. 广州：华南理工大学出版社，2002.

[3] 邹德侬，刘丛红，赵建波. 中国地域性建筑的成就、局限和前瞻[J]. 建筑学报，2002，05.

[4] 张良皋. 干栏——平摆着的中国建筑史[J]. 重庆建筑大学学报（社科版），2000，04.

[5] 沈克宁. 批判的地域主义[J]. 建筑师，2004，05.

[6] 卢建松. 建筑地域性研究的当代价值[J]. 建筑学报，2008，07.

[7] 吴忠军，周密. 壮族旅游村寨干栏式民居建筑变化定量研究[J]. 旅游论坛，2008，12.

[8] 杨成志. 广西壮族的古代崖壁画[J]. 中央民族学院学报，1988，04.

[9] 方素梅. 广西壮族土司经济结构及其破坏过程[J]. 广西民族学院学报，1994，01.

[10] 吴忠军，危红梅，张瑾. 建立广西龙脊古壮寨生态博物馆的若干思考[J]. 广西民族研究，2008，03.

[11] 方素梅. 近代壮族社会结构及其变迁[J]. 云南民族学院学报，2001，09.

[12] 黄钰. 龙脊壮族社会文化调查[J]. 广西民族研究，1990，03.

[13] 玉时阶. 试论南北壮族文化特点之差异[J]. 中央民族学院学报，1990，04.

[14] 杨毅. 我国古代聚落若干类型的探析[J]. 同济大学学报，2006，02.

[15] 郑景文，余建林. 桂北传统聚落的保护与利用——以桂林龙胜县平安寨为例[J]. 规划师，2006，01.

[16] 韦熙强，覃彩銮. 壮族民居文化中的宗教信仰[J]. 广西民族研究，2001，02.

[17] 韦玉娇，韦立林. 试论侗族风雨桥的环境特色[J]. 华中建筑，2002，03.

[18] 张贵元. 侗族的建筑艺术[J]. 贵州文史丛刊，1987，04.

[19] 况雪源等. 广西气候区划[J]. 广西科学，2007，14（3）.

[20] 徐杰舜. 从骆到壮——壮族起源和形成试探[J]. 学术论坛，1990，05.

[21] 黄钰. 龙脊壮族社会文化调查[J]. 广西民族研究，1990，03.

[22] 张玉瑜，朱光亚. 福建大木作篙尺技艺抢救性研究[J]. 古建园林技术，2005，03.

[23] 覃彩銮. 试论壮族文化的自然生态环境[J]. 学术论坛，1999，06.

[24] 覃彩銮. 壮族传统民居建筑论述[J]. 广西民族研究，1993，03.

[25] 潘莹，施瑛. 湘赣民系、广府民系传统聚落形态比较研究[J]. 南方建筑，2008，05.

[26] 薛力. 城市化背景之下的"空心村"现象及其对策探讨[J]. 城市规划，2001，06.

[27] 陈志华. 保护文物建筑及历史地段的国际宪章[J]. 世界建筑，1986，03.

[28] 陈志华. 介绍几份关于文物建筑和历史性城市保护的国际性文件（一）[J]. 世界建筑，1989，02.

[29] 石克辉，胡雪松. 乡土精神与人类社会的可持续发展[J]. 华中建筑，2000，02.

[30] 维基·理查森. 历史视野中的乡土建筑——一种充满质疑的建筑[J]. 吴晓译. 建筑师，2006，12.

[31] 赵巍译. 关于乡土建筑遗产的宪章[J]. 时代建筑，2000，3.

[32] 陈志华. 乡土建筑的价值和保护[J]. 建筑师，1997，78.

[33] 林冲. 骑楼型街屋的发展与形态的研究[J]. 新建筑，2002，02：81.

[34] 杨昌嗣. 侗族社会的款组织及其特点[J]. 民族研究，1990，04.

[35] 邵晖，黄晶，左腾云. 桂林龙胜龙脊梯田整治水资源平衡分析[J]. 中国农学通报，2011，27.

[36] 韦玉姣. 民族村寨的更新之路——广西三江县高定寨空间形态和建筑演变的启示[J]. 建筑学报，2010，03.

[37] 谷云黎. 南宁旧民居考察研究[J]. 华中建筑，2007，09.

[38] 单德启. 广西融水苗寨木楼改建的实践和理论探讨[J]. 建筑学报，1993，04.

[39] 单德启，袁牧. 融水木楼寨改建18年——一次西部贫困地区传统聚落改造探索的再反思[J]. 世界建筑，2008，07.

[40] 陈志华. 保护文物建筑及历史地段的国际宪章[J]. 世界建筑，1986，03.

[41] 陈志华. 介绍几份关于文物建筑和历史性城市保护的国际性文件（一）[J]. 世界建筑，1989，02.

[42] 周宗贤. 宋代壮族土官统治地区的社会结构[J]. 广西民族学院学报（哲学社会科学版），1983，01.

[43] 黄润柏. 壮族婚姻家庭生活方式的变迁——龙胜金竹寨壮族生活方式变迁研究之三[J]. 广西民族研究，2002，03.

[44] 周宗贤. 宋代壮族土官统治地区的社会结构[J]. 广西民族学院学报（哲学社会科学版），1983，01.

[45] 郑振. 岭南建筑的文化背景和哲学思想渊源[J]. 建筑学报，1999，09.

[46] 唐孝祥. 论客家聚居建筑的美学特征[J]. 华南理工大学学报（社会科学版），2001，03.

[47] 唐孝祥，赖瑛. 浅议客家建筑的审美属性[J]. 华南理工大学学报（社会科学版），2004，06.

学术著作

[1] 张声震主编. 壮族通史[M]. 北京：民族出版社，1994.

[2] 阿摩斯·拉普卜特. 宅形与文化[M]. 常青等译. 北京：中国建筑工业出版社，2007.

[3] 陆元鼎，杨新平主编. 乡土建筑遗产的研究与保护[M]. 上海：同济大学出版社，2008.

[4] 李百浩，万艳华. 中国村镇建筑文化[M]. 武汉：湖北教育出版社，2008.

[5] 陆元鼎主编. 中国民居建筑年鉴[M]. 北京：中国建筑工业出版社，2008.

[6] 中国民族建筑研究会. 族群·聚落·民族建筑[M]. 昆明：云南大学出版社，2009.

[7] 广西壮族自治区编写组. 广西壮族社会历史调查[M]. 北京：民族出版社，2008.

[8] 黄桂秋. 壮族社会民间信仰研究[M]. 北京：中国社会科学出版社，2010.

[9] 范玉春. 移民与中国文化[M]. 桂林：广西师范大学出版社，2005.

[10] 覃乃昌. 广西世居民族[M]. 南宁：广西民族出版社，2004.

[11] 司徒尚纪. 岭南历史人文地理——广府、客家、福佬民系比较研究[M]. 广州：中山大学出版社，2001.

[12] 蔡凌. 侗族聚居区的传统村落与建筑[M]. 北京：中国建筑工业出版社，2007.

[13] 陈国强，蒋炳钊，吴锦吉，辛土成. 百越民族史[M]. 北京：中国社会科学出版社，1988.

[14] 王恩涌. 文化地理学导论——人·地·文化[M]. 北京：高等教育出版社，1989.

[15] 陆元鼎. 中国民居建筑丛书[M]. 北京：中国建筑工业出版社，2008：总序.

[16] 余英. 中国东南系建筑区系类型研究[M]. 北京：中国建筑工业出版社，2001.

[17] 刘金龙，张士闪. 文化社会学[M]. 济南：泰山出版社，2000.

[18] 邹德侬. 现代中国建筑史[M]. 天津：天津科学技术出版社，2001.

[19] 张良皋. 匠学七说[M]. 北京：中国建筑工业出版社，2002.

[20] 刘致平. 中国建筑类型及结构[M]. 北京：中国建筑工业出版社，1987.

[21] 曹劲. 先秦两汉岭南建筑研究[M]. 北京：科学出版社，2009.

[22]《广西传统民族建筑实录》编委会. 广西传统民族建筑实录[M]. 南宁：广西科学技术出版社，1991.

[23] 中国科学院自然科学史研究所. 中国古代建筑技术史[M]. 北京：科学出版社，1985.

[24] 雷翔. 广西民居[M]. 南宁：广西民族出版社，2005.

[25] 郑晓云. 文化认同与文化变迁[M]. 北京：中国社会科学出版社，1992.

[26] 覃彩銮等. 壮侗民族建筑文化[M]. 南宁：广西民族出版社，2006.

[27] 陈耀东. 鲁班经匠家镜研究[M]. 北京：中国建筑工业出版社，2010.

[28] 孙大章. 中国民居研究. [M]. 北京：中国建筑工业出版社，2004.

[29] 梁庭望. 壮族文化概论. [M]. 南宁：广西教育出版社，2000.

[30] 黄成授等. 广西民族关系的历史与现状[M]. 北京：民族出版社，2002.

[31] 葛剑雄，曹树基，吴松弟. 中国移民史 第一卷[M]. 福州：福建人民出版社，1997.

[32] 高曾伟. 中国民俗地理[M]. 苏州：苏州大学出版社，1999.

[33] 苏建灵. 明清时期壮族历史研究[M]. 南宁：广西民族出版社，1993.

[34] 陈耀东. 鲁班经匠家镜研究[M]. 北京：中国建筑工业出版社，2010.

[35] 蔡鸿生. 戴裔煊文集[M]. 广州：中山大学出版社，2004.

[36] 钟文典. 广西近代圩镇研究[M]. 桂林：广西师范大学出版社，1998.

[37] 陆琦. 广东民居[M]. 北京：中国建筑工业出版社，2008.

[38] 李允鉌. 华夏意匠[M]. 天津：天津大学出版社，2005.

[39] 黄浩. 江西民居[M]. 北京：中国建筑工业出版社，2008.

[40] 罗德启. 贵州民居[M]. 北京：中国建筑工业出版社，2008.

[41] 吴庆洲. 建筑哲理、意匠与文化[M]. 北京：中国建筑工业出版社，2005.

[42] 李晓峰. 乡土建筑——跨学科研究理论与方法[M]. 北京：中国建筑工业出版社，2005.

[43] 盘福东. 中国地域文化丛书——八桂文化. [M]. 沈阳：辽宁教育出版社，1998.

[44] 吴良镛. 广义建筑学[M]. 北京：清华大学出版社，1989.

[45] 龙庆忠. 中国建筑与中华民族[M]. 广州：华南理工大学出版社，1990.

[46] 克莱德·M.伍兹. 文化变迁[M]. 施惟达，胡华生，译. 昆明：云南教育出版社，1989.

[47] 张光直. 考古学专题六讲[M]. 北京：文物出版社，1986.

学位论文

[1] 黄海云. 清代广西汉文化传播研究（至1840年）[D]. 北京：中央民族大学，2006.

[2] 郭谦. 湘赣民系民居建筑与文化研究[D]. 广州：华南理工大学，2002.

[3] 周杰. 原生态视野下的广西黑衣壮传统民居研究[D]. 上海：上海交通大学，2009.

[4] 林涛. 桂北民居的生态技术经验及室内物理环境控制技术研究[D]. 西安：西安建筑科技大学，2004.

致 谢

书稿终于搁笔，感慨万千。写作过程中的一幕幕场景——浮现，许多人、许多事，让我毕生难忘。

首先，衷心感谢我的博士导师陆琦教授的关怀和指导。选题之初，先生就提出了许多有建设性的指导意见，让我在看似艰巨的目标前得以勇敢前行。在前期的准备工作中，由于我事务缠身，加之久疏文笔的习惯惰性，进展工作十分缓慢。先生总是不倦地教诲和督促，鞭策着我不断向前推进。在写作过程中遇到不解和迷惑的时候，先生及时为我指点迷津，以严谨治学的态度和敏锐的学术洞察力，引领我走出困顿和彷徨。在先生指导和教授下的四年学习生活中，我不仅获得了学识上的进步，也感召于先生的学术人格与魅力，这一切使我能更好地做人、做事、做学问。

我要特别感谢叶荣贵教授，自我2005年入学到2008年先师病逝的三年中，叶老对我的严格要求与谆谆教诲为我能完成博士学业打下了良好的基础。感谢田银生、唐孝祥、郭谦等老师在预答辩过程中所提的宝贵意见。感谢陆元鼎教授以古稀之年仍然抽出时间翻阅了晚辈的论文，指出了诸多不足之处，使我受益匪浅。感谢我的硕士导师戴志中教授在我因发表论文而倍感困顿的时候，为我出谋划策，解开心结。

感谢我的同事、同学和朋友熊伟、谢小英、韦玉姣、秦书峰、邓晓峰、熊璐、何韶颖、孙宇澄、屈寒飞、文铮、朱虹、何丽、郑怀德、渠滔、李自若、徐国忧等人在我写作与办理各项手续的时候提供的帮助与支持。感谢古建园林技术杂志社的肖东副主编对我的帮助与理解。他们让我深刻地感受到"海内存知己，天涯若比邻"的朋友情谊。

最后，对我最为重要，最应该感谢的是我的家人，感谢我的父母，以及夫人对我无私的奉献和关爱，没有她陪伴我在无尽的广西山区奔波、调研，我是无法完成调研工作的，还有许多良师益友在我写作过程中提供了帮助和指导，无法一一尽数，在此一并感谢！